南方蓝莓
园艺栽培技术
——周年管理工作历

王　迅
[日]伴琢也　| 主编

化学工业出版社
·北京·

内容简介

编者基于多年来在我国南方地区种植蓝莓的经验和调查研究，借鉴日本蓝莓行业内精耕细作的种植模式，总结了适宜在南方地区种植的蓝莓品种、一周年管理历程、栽培管理中的关键技术点、常见病虫害及防控措施等内容。全书共分四章：第一章"蓝莓基础知识"；第二章"种植蓝莓的准备工作"；第三章"蓝莓周年管理措施"；第四章"为害蓝莓生长的主要病虫害"。本书写作风格轻快简明，寓教于乐、图文并茂，适合蓝莓生产企业员工、小规模种植户、家庭园艺爱好者和农业相关专业学生作为常备参考资料，能有效提高种植技能和扩展蓝莓相关知识。

图书在版编目（CIP）数据

南方蓝莓园艺栽培技术：周年管理工作历 / 王迅，
（日）伴琢也主编. -- 北京：化学工业出版社，2024.
9. -- ISBN 978-7-122-45971-8

Ⅰ.S663.2

中国国家版本馆CIP数据核字第20247FN316号

责任编辑：王 琰　　　　　　文字编辑：李　雪
责任校对：田睿涵　　　　　　装帧设计：关　飞

出版发行：化学工业出版社
　　　　　（北京市东城区青年湖南街13号　邮政编码100011）
印　　装：北京建宏印刷有限公司
710mm×1000mm　1/16　印张10　字数208千字
2025年1月北京第1版第1次印刷

购书咨询：010-64518888
售后服务：010-64518899
网　　址：http://www.cip.com.cn
凡购买本书，如有缺损质量问题，本社销售中心负责调换。

定　　价：98.00元　　　　　　　　版权所有　违者必究

本书编写人员名单

主 编

王　迅（四川农业大学）

伴琢也（东京农工大学）

副主编

汪志辉（四川农业大学）

张小艾（四川农业大学）

张鸣飞（四川农业大学）

杨富云（成都逸田生态农业科技有限公司）

参编人员

王　迅（四川农业大学）	伴琢也（东京农工大学）
汪志辉（四川农业大学）	张小艾（四川农业大学）
张鸣飞（四川农业大学）	杨富云（成都逸田生态农业科技有限公司）
江青贵（四川省种子站）	汤述尧（四川师范大学）
王　均（四川农业大学）	王春燕（广安市广安区农业农村局）
李　靖（四川省农业科学院）	阳　翠（四川省农业科学院）
杨夫臣（湖北省农业科学院）	夏强明（湖北省农业科学院）
林立金（四川农业大学）	唐　懿（四川农业大学）
杜睿敏（四川农业大学）	郝文慧（四川农业大学）
赵梓茗（四川农业大学）	刘文诗（四川农业大学）
尹宗艳（四川农业大学）	卢　文（四川农业大学）
侯宇辉（四川农业大学）	黎　媛（四川农业大学）
黄金秋（四川农业大学）	廖　玲（四川农业大学）
熊　博（四川农业大学）	孙国超（四川农业大学）
何思亚（四川农业大学）	何佳鲜（四川农业大学）

序

  蓝莓产业是近年来发展非常快的水果产业。其果实风味独特且富含多种生物活性物质，具有较高的经济价值和营养保健价值，市场前景广阔。截至2023年，我国26个省（自治区、直辖市）都分布有蓝莓产业化种植，种植总面积近100万亩（1亩≈667㎡），蓝莓总产量$3.47×10^5$t。

  我国蓝莓的原生种主要分布于北方。随着新品种的引进和种植者对新品种的追求，以及休闲采摘农业的兴起，南方蓝莓产业迅速发展。在南方蓝莓快速发展之初，由于品种选择失误、栽培技术不完善与不配套等，产业发展之路蜿蜒曲折。经过十多年的摸索和总结，目前已形成了较稳定的技术体系。

  编者总结了多年来南方蓝莓种植技术的经验，与东京农工大学蓝莓课题组学者共同研讨和交流，最终编成本书。本书针对田间小规模栽培和家庭盆栽，把一年中蓝莓生产管理涉及的农务，按月份进行分解和详述，文末还给出了［技术点］和［小知识］的索引，方便读者查询。本书图文并茂、简明扼要，适合蓝莓生产企业员工、小规模种植户、家庭园艺爱好者和农业相关专业学生阅读。

吴 林

2025年1月

前言

　　蓝莓经济价值较高，其产业规模在我国迅速扩张。至2024年，我国已是全球蓝莓种植面积最大的地区。蓝莓种植面积急速扩张，吸引了众多种植户加入该行业，但种植者对蓝莓植物特性的认识和栽培技术的掌握参差不齐，不少园区陷入亏损的局面。

　　作者将在本领域中十多年的科研、生产的经验总结于此书。本书编著时，得到日本东京农工大学伴琢也老师的鼎力支持，同时也得到了来自湖北、云南、吉林等的行内专家、专业技术公司人员等的协助。本书旨在为种植者提供系统的蓝莓基础知识，降低种植中的风险。

　　书中推荐了南方蓝莓种植的适宜品种，拟出了蓝莓种植一周年的管理历程、栽培管理中的关键技术点、相关科普小知识，收集了蓝莓种植中常见病虫害及防控措施。图文并茂、简明扼要，可作为蓝莓种植者常备参阅书籍。书中也涉及了部分蓝莓专业生物学知识，如蓝莓自交不亲和的机理、蓝莓杂交育种技术、蓝莓无菌组培技术等内容，也可供专业科研工作者参阅。

　　本书得到国家重点研发项目（2022YFD1600702）、四川省科技技术项目（2021YFYZ0023）、四川省国际合作项目（2020YFH0158）资助。

　　本书难免有不妥之处，敬请广大读者批评指正。

王迅

2025年1月

目录

第四章 /119

为害蓝莓生长的主要病虫害

第一章
蓝莓基础知识

第一节 蓝莓简介

蓝莓产业是近十多年来发展非常快的水果产业。蓝莓果实营养丰富、风味独特、经济价值高，被美誉为"水果皇后"，也被联合国粮农组织（FAO）推荐为五大健康水果之一。蓝莓果实中含有丰富的花青素，花青素是一种天然高效的抗氧化剂，是生物细胞中的强效自由基清除剂。花青素具有保护视力、保护心血管系统等作用（参阅［小知识1］）。因此，蓝莓除了可以作为水果鲜食，也可作为功能性物质提取的原材料。蓝莓营养成分含量如表1所示。

表1　蓝莓营养成分含量（100g鲜样）

能量/kJ	201	锰/mg	0.26
水分/g	86	铁/mg	0.2
蛋白质/g	0.5	锌/mg	0.1
碳水化合物/g	12.9	铜/mg	0.04
灰分/g	0.1	碘/μg	1
膳食纤维/g	3.3	维生素C（抗坏血酸）/mg	9
脂肪/g	0.1	维生素E（α-生育酚当量）/mg	2.3
脂肪酸（总）/g	1	烟酸（烟酰胺）/mg	0.2
花青素/mg	83	泛酸/mg	0.12
胡萝卜素/μg	55	维生素B_6/mg	0.05
钾/mg	70	维生素B_1（硫胺素）/mg	0.03
磷/mg	9	维生素B_2（核黄素）/mg	0.03
钙/mg	8	维生素K/μg	15
镁/mg	5	叶酸/μg	12
钠/mg	1	维生素A（视黄醇当量）/μg	9

资料来源：日本文部科学省。

小知识1

蓝莓与健康

（1）吃蓝莓对眼睛好是真的吗？　在第二次世界大战的时候，英国空军发现，经常吃蓝莓酱后，在暗处也可以清晰看到敌人的飞机，可提升战绩，将这件事情上报后，研究者们开始了对蓝莓护眼效果的研究。研究发现，蓝莓中的花青素能有效抑制眼睛功能衰退。

1976年，意大利人将蓝莓同源植物"欧洲越橘"的花青素作为原材料，开发出了抑制近视和缓解夜盲症的医药产品。之后，欧洲也开发了许多以花青素为原材料的医药产品。试验表明，将蓝莓提取物喂给动物后，视网膜上视紫红质的再生更加活跃，证明蓝莓可以激发视觉功能，提高夜间视力。在人体试验中，眼睛疲劳的试验者服用蓝莓提取物以后，可缓解眼睛疲劳、改善肩腰酸痛等。

以上研究证明，蓝莓对于因常看电脑、手机而导致的眼睛使用过度具有很好的缓解作用。有资料显示，一天只需吃约40g（40~50颗）蓝莓，就能有效缓解眼睛疲劳。

（2）吃蓝莓会预防痴呆症吗？　20世纪末，美国塔夫茨大学的Joseph等研究者在试验中发现，给19个月龄的小白鼠（相当于人类70岁）喂食蓝莓提取物，小白鼠在跑步轮上奔跑时间会延长。迷路试验显示，食用蓝莓提取物后，小白鼠的记忆力变得更好。因此研究者提出，蓝莓也许有一定预防痴呆的作用。除此之外，也有很多调查显示，蓝莓还有强化毛细血管、防血栓和动脉硬化、强化软骨部位结合组织、预防视网膜病和白内障、预防癌症等功能。这些都是源于蓝莓中含有的多酚类物质（花青素、黄酮醇配糖体、绿原酸、原花青苷）的抗氧化作用。

第二节　蓝莓的植物学分类

一、"蓝莓"是商业统称

杜鹃花科（Ericaceae）越橘属（*Vaccinium*）内果实呈蓝色（个别为红色）的若干种，统称为"蓝莓"。根据蓝莓对气候的适应性，生产中把育成的品种主要分为四类：高丛蓝莓(*V. corymbosum*)、兔眼蓝莓(*V. ashei*)、矮丛蓝莓(*V. angustifolium*)和半高丛蓝莓。

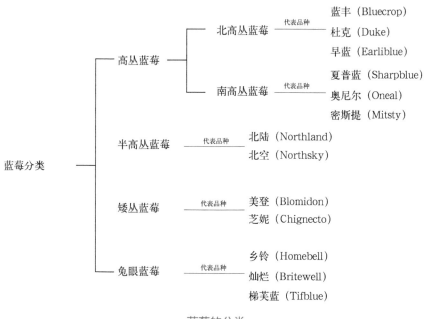

蓝莓的分类

1. 高丛蓝莓

高丛蓝莓通常冬季会落叶，枝条呈红褐色，叶片棱角较少，叶子相对呈圆形。根据冬季需冷量的差异，进一步把较高需冷量的品种统称为北高丛蓝莓，把较低需冷量的品种统称为南高丛蓝莓。

（1）北高丛蓝莓　北高丛蓝莓是最早被驯化栽培的蓝莓类型。树高1~2m，果实品种优良。该类型育成品种数量多，全球范围内推广面积最多。对土壤酸碱性要求严格，土壤酸度不足会严重影响植株生长。

北高丛蓝莓'杜克'果实

南方蓝莓园艺栽培技术
　　——周年管理工作历

北高丛蓝莓'杜克'树体

（2）南高丛蓝莓　南高丛蓝莓起源于20世纪70年代。相对北高丛蓝莓，更适合温暖地带。冬季花芽休眠需冷量相对较少，适当的升温即可使花芽脱离休眠状态而萌动。在酸性土壤中生长良好，不宜种植于寒冷地区，枝条容易遭受冻伤甚至死亡。

南高丛'密斯提'结果状态

南方蓝莓园艺栽培技术
——周年管理工作历

南高丛'密斯提'树体

南高丛蓝莓'奥尼尔'结果状态

南方蓝莓园艺栽培技术
——周年管理工作历

南高丛蓝莓'奥尼尔'树体

2. 半高丛蓝莓

北高丛蓝莓和野生矮丛蓝莓的杂交类型，树高在1m以下。耐低温，在北方寒冷地区的冬季，即使冰雪覆盖枝条也不会导致严重冻伤。

3. 矮丛蓝莓

矮丛蓝莓主要分布于美国东北部和加拿大东部，在我国吉林、黑龙江等省的林区也有分布。野生环境中的蓝莓通常生长于土壤贫瘠的地方。树体低矮，高15~60cm，形似在地上匍匐生长。美国的缅因州为主要产地，野生果实主要作为加工原料。矮丛蓝莓中对人体有益的多酚类物质含量高于其他栽培品种。

4. 兔眼蓝莓

兔眼蓝莓果实成熟之前转色时，果实颜色类似兔眼晶莹剔透的红色，因此称为兔眼蓝莓。其树体高大，高1~3m，树势强。兔眼蓝莓对土壤条件适应性较高丛蓝莓强，对土壤酸碱性要求不严格，耐高温、耐干燥，适宜温暖地区栽培。

兔眼蓝莓'巴尔德温'未成熟的果实

兔眼蓝莓'巴尔德温'转色期的果实

兔眼蓝莓'灿烂'转色期的果实

南方蓝莓园艺栽培技术
——周年管理工作历

兔眼蓝莓'灿烂'的树体

二、亲缘关系与蓝莓相近的植物

杜鹃花科越橘属植物全球有200~300种，其中包括野生种黑果越橘(*V. myrtillus*)、蔓越橘(*V. macrocarpon*)、苔桃(*V. vitis-idaea*)以及中国野生资源笃斯越橘(*V. uliginosum*)等。现代蓝莓的起源和产业栽培情况参阅［小知识2］。

小知识2

蓝莓的起源和产业栽培情况

（1）蓝莓在北美洲 北美洲食用蓝莓的历史相对久远。据说，北美洲原住民将自己食用的野生蓝色果子分给来自欧洲的移民，为了收获更多的蓝色果子加工成食品，开始了蓝莓的驯化栽培。

蓝莓的品种选育和改良从1908年开始，美国农业部（USDA）的F. W. Coville博士在种植爱好者Elizabeth C. White女士的协助下收集了若干蓝莓野生资源，并将收集的资源进行杂交、筛选，自此真正启动了有规划的蓝莓品种选育，最早的蓝莓品种包括'泽西'和'维口'等。现在，澳大利亚、新西兰、日本等国家也培育大量新品种，目前全球蓝莓育成品种将近300个。

（2）美国的栽培情况 美国是现代蓝莓产业的起源地，栽培面积约37555hm^2（2020年）。美国的东北部是高丛蓝莓的主要生产栽培基地，包括墨西哥州、纽西兰州、北卡罗来纳州、明尼苏达州、华盛顿州、俄勒冈州等。兔眼蓝莓的主要生产栽培基地在东南部，包括佐治亚州、北卡罗来纳州、阿肯色州、得克萨斯州、密西西比州、佛罗里达州等。

（3）中国的栽培情况 中国对越橘属的研究起始于20世纪50年代后期，当时吉林农业大学郝瑞教授对笃斯越橘野生资源开始了收集调查。20世纪80、90年代，东北地区相继开展了笃斯越橘品种选育、栽培生理、产业开发的工作，但成果转化的影响力较小。同时，从1981年起，吉林农业大学开始开展国外蓝莓引种试栽和技术研究工作。1981—2010年，吉林、北京、江苏、山东、辽宁等地的科研机构大规模引进国外蓝莓品种，并开发了自主知识产权品种。2010年至今，是中国蓝莓产业全速发展阶段，蓝莓规模化种植逐步推广到全国，蓝莓品种选育、栽培、分子生理机理研究、产品开发、产业经济研究等工作也在各个省市起步。蓝莓由高端农产品转而走进老百姓的食谱，逐渐成为一种日常消费的水果。

南方蓝莓园艺栽培技术
——周年管理工作历

第三节　蓝莓的栽培优势

　　蓝莓果树是一种小灌木果树，树体小巧，可在田间种植，也适合家庭盆栽种植。种植栽培蓝莓可为生产者带来可观的经济收入，而且种植的过程也充满各种乐趣。

一、对气候的适应性强

　　蓝莓的品种众多，可以根据不同的气候条件种植不同的品种，从北到南均可栽培。从东北地区到桂粤地区，从青藏高原到沿海低海拔地区，都可以种植。北部和高海拔地区主要种植高丛蓝莓，温暖地区主要种植南高丛蓝莓和兔眼蓝莓。

二、对种植空间要求低

　　蓝莓树体相对较小，种植占据空间较小，不论是在田间还是居家都可以种植。家庭种植时，可选择屋顶和阳台。

坡地栽培

平地栽培

生草栽培

　南方蓝莓园艺栽培技术
　　——周年管理工作历

高垄栽培

控根器栽培

大棚栽培

三、容易实现有机栽培

　　蓝莓果树相对需肥量少，容易达到有机栽培要求。在不使用化学农药和化肥的情况下，也不会因暴发毁灭性病虫害而无法收获。

家庭盆栽蓝莓

四、种植蓝莓充满乐趣

　　蓝莓的种植可给种植者带来很多乐趣。春季观花、夏季采果、秋季赏叶。春季蓝莓花呈吊铃状，娇小可爱，观蓝莓花别有一番滋味。夏季果实成熟后，可采食，蓝莓果实清香可口、爽口宜人，体验蓝莓采摘也充满乐趣。秋季有的蓝莓品种落叶前叶片变红，成为深秋赏红叶的美景。

通过滴管进行肥水一体化管理，容易进行有机栽培

蓝莓的新叶

（a）

（b）

蓝莓的花

南方蓝莓园艺栽培技术
——周年管理工作历

（a）

（b）

蓝莓的果实

蓝莓的红叶

第二章

种植蓝莓的
准备工作

一、品种选择

南方地区通常选择南高丛蓝莓和兔眼蓝莓，但在一月均温2℃以下高海拔地区，可以考虑北高丛蓝莓。在同一园区应该种植多个品种，因为蓝莓是常异花授粉，如果果园里只种1个品种，果实产量和品质都会受到影响。此外，高丛蓝莓和兔眼蓝莓不能互相授粉。

1. 绿宝石（Emerald）

'绿宝石'是南高丛蓝莓中的早熟品种，成熟期在5月上中旬到6月初。该品种被美国的佛罗里达州农业实验站的科研人员于2001年育成，冬季需冷量时长为200小时左右。树高约1.5m，树冠直径为1~1.2m，树势强，半开张型树形。果实大粒，果粉中至薄，果蒂痕小且干。果实质地硬，香味浓郁，甜略有酸味。产量高，抗病虫能力强，土壤适应性强。近年来，'绿宝石'在我国南方地区推广较迅速，能够自花授粉，但是配置授粉树可明显提早成熟期、提高结果率、增加单果重和整体产量。在高温、高湿的气候区内，春季易感染灰霉病。在我国南方部分地区，有冬季二次开花现象。

'绿宝石'

2. 密斯提（Misty）

'密斯提'又名'薄雾'，南高丛中熟品种，成熟期在5月中旬至6月初。1992年美国选育。树形为开张型，生长速度快，树势中等。果实品质优良，果大而坚实，有香味，色泽美观，果蒂痕小而干。采收期长，是南高丛蓝莓品种中最丰产的品种。'密斯提'是我国长江以南主推品种之一，适应性强，管理容易，果实品质佳。该品种枝条多，花芽量大，极丰产，在栽植过程中要注意控产，避免树体早衰。冬季需冷量不低于250h，在低冷量或无冷量地区可作为授粉树种植。

'密斯提'

3. 珠宝（Jewel）

'珠宝'是南高丛极早熟品种，成熟期在5月中旬至6月初。直立型树形，树势旺盛。果皮呈亮蓝色，充分成熟前味微酸，完全成熟后酸甜适中，风味较好。果蒂痕中等，果实硬度中等，较耐贮运。花芽量大，春季叶芽长势良好，可在我国南方露地、北方温室种植。品种适应性较强，冬季需冷量≤200h，产量高。在栽植过程中，要注意配置授粉树，用其他中熟品种以提高授粉效果。对疫霉根腐病中度敏感，需要注意病虫害的防治。

'珠宝'

4. 奥尼尔（O' Neal）

‘奥尼尔’是南高丛早熟品种，成熟期在5月上旬至6月初，是南高丛的经典品种之一，1987年美国选育，冬季需冷量400~600h。冬季落叶，树冠圆头形，长势快。果实为扁圆形，大果型。果皮呈暗蓝色，果粉多，肉质柔软多汁，果实化渣，香味浓，风味佳，果蒂小而干，耐贮运。对土壤要求较严格，花期易受倒春寒冻害，在排水差的园区种植容易感染枝锈病。

‘奥尼尔’

5. 天后 (Primadonna)

'天后'是南高丛早熟品种，成熟期在5月中旬至6月初。美国佛罗里达大学2005年育成，系'奥尼尔'בFL 87-286'杂交后代，冷温量约200h。大果型，单果重2~3g。果皮颜色淡蓝，果蒂痕干而小。果穗松散，极易采摘，硬度较好，较耐储运，果实商品性强。风味佳，甜度大，酸味低，有香味，风味与'奥尼尔'相当。树冠呈圆球形，树势强，适应土壤肥力强。自花授粉能力强，但异花授粉后果实产量和品质更好，建议配置其他品种做授粉树以提高产量。

'天后'

6. 甜心 (Sweatheart)

'甜心'是南高丛蓝莓早熟品种，具有一年二季果的结果特性，第一季果成熟期在5月中上旬，第二季果成熟期在8月中下旬，产量较少。树形直立、树势强，果实具有浓郁的独特香味。

'甜心'

7. 莱克西（Legacy）

'莱克西'是北高丛中晚熟品种，成熟期在5月下旬至6月中旬。1993年由美国新泽西州选育，杂交谱系为'伊丽莎白'×'US75'，冬季需冷量大约在600h。树势旺盛，半直立型，树高可达1.5~1.8m，常绿。果粒中至大，果粉厚，甜度高，酸度适中，有香味。果实硬度适中，果蒂痕状中而干，果实贮藏性好，便于运输。果实成熟时果穗较松散，但未成熟果实着生牢固。丰产性强，建植后1~2年丰产性表现不明显，但进入盛产期后丰产性表现突出。对土壤的适应性强，耐寒性中等，是我国南北方通用品种。在长江流域以南地区栽培，抗性好、病虫害少、果实品质佳，总体表现十分突出。但在我国胶东半岛以北地区栽培花芽分化较少，产量略低，另外存在越冬抽条等问题。

'莱克西'

8. 布里吉塔（Brigitta）

　　'布里吉塔'是北高丛晚熟品种，成熟期在6月初到6月底。1980年澳大利亚培育。树体生长速度快，极健壮，直立型，树高中等，分枝多。大果型，单果重1.5～2.8g，果实中等蓝色，形状为圆形或扁圆形，果蒂痕小且干。鲜果味甜或略酸，入口脆而爽，口感好，货架期长。该品种蓝莓苗需冷量时长800h左右，抗寒性强，与'蓝丰'相当。土壤适应性强，适宜我国南方部分地区及北方地区露地和冷棚种植。

'布里吉塔'

9. 杜克（Duke）

'杜克'又名'公爵'，是北高丛早熟品种，成熟期在5月底至6月中旬。由1986年美国农业部与新泽西州选育，冬季需冷量为1200h左右，是北高丛蓝莓代表品种之一。树体生长势强，树冠开张、稀疏。果实中至大，淡蓝色，果粉厚。甜度高，酸味小，清淡芳香风味，采收后产生特殊的芳香味。果蒂痕小而干，硬度中等偏上，适宜运输。开花较迟，成熟较早，果实的成熟期较一致。'杜克'蓝莓极为丰产、稳产，抗寒性强。对土壤条件要求严格，适宜在夏季气候凉爽、土壤疏松湿润、土壤有机质含量高的条件下生长，可在南方高山土壤条件好的地区推广。

'杜克'

10. 灿烂（Britewell）

　　'灿烂'是兔眼蓝莓中的早熟品种，成熟期在6月中旬到7月中旬。是1983年美国佐治亚州选育的品种，由'Menditoo'和'Tifblue'杂交育成，是兔眼蓝莓中的经典品种。树势中等，直立型，树冠大。果粒中或大，单果重在1.2 ～ 2.6g。果肉质硬，果实香味浓郁，果味酸甜适度，果皮浅蓝色，果蒂痕小、速干。丰产性好、抗霜冻能力强，不裂果，适宜机械采收和鲜果销售。冬季需冷量时长350h左右，在我国的种植面积比较大，不管是植株生长还是果实性状都有非常优异的表现。

'灿烂'

11. 巴尔德温（Baldwin）

'巴尔德温'是兔眼蓝莓中的中晚熟品种，成熟期在6月底至7月中旬。1983年在美国佐治亚州育成。树势强，树体高大，枝条多，结果能力强，抗病能力强，产量高。果实硬脆且个头较大，甜度大，略带酸味，风味佳，果实蒂痕干且小。果皮深蓝色，果粉少。该品种收获期长，可持续收获6～7周。冬季需冷量时长500h左右，选用'灿烂''粉蓝'品种作为授粉树可以取得较高的产量。

'巴尔德温'

12. 红粉佳人（Pink lemonade）

　　'红粉佳人'是兔眼蓝莓中的中晚熟品种，成熟期在6月底至7月中旬。成熟果实为大红色，独具特色。'红粉佳人'树体高大、树势强、抗寒性强。果实甜度高，花青素含量也较高。适宜土壤pH 4.5~5.5。

'红粉佳人'

13. 优瑞卡（Eureka）

'优瑞卡'是南高丛极早熟品种，成熟期在5月初到5月中旬。2010年由澳大利亚育成并推广，冬季需冷量100h左右。树势旺盛，半直立型，树高1.5m左右，冠幅2.0~2.5m。基生枝较多，侧冠部分枝条数量中等。果实大到极大，大小均匀一致，果蒂痕小而干，风味佳。果实暗蓝色，果粉少，果实品质极好，适合鲜食，极丰产。果实硬度高，货架期长，耐储运性能强。果穗松散，但成熟期一致。土壤适应性强，适合南方大部分地区种植，在云南、攀西等地区，该品种有望在春节期间成熟。是目前最优秀的鲜食蓝莓品种之一。

'优瑞卡'

14. 夏普蓝（Sharpblue）

'夏普蓝'是南高丛中熟品种，成熟期在5月中旬到6月中旬，采收期长。1976年在美国佛罗里达大学育成，由'Florida 61-5'和'Florida 63-12'杂交后代选育。树体生长势旺盛，直立树形，树冠开张，树高1.2~1.8m，常绿。冬季低温需要量150～300h，土壤适应性强，丰产性好。果实圆形，果蒂痕小而湿，果粒中至大。果皮深蓝色，果粉厚。果实有浓郁果香味，水分含量高，果皮薄，适宜制作鲜果汁，不适宜运输，耐贮性差。

'夏普蓝'

15. 阳光蓝（Sunshine Blue）

'阳光蓝'是南高丛中晚熟品种，在5月下旬至6月中旬成熟。冬季需冷量150小时，常绿。果实扁圆形，果皮亮蓝色，果粉厚。有清淡香味，味甜，品质好。树势中等，树体较低矮，树高1m左右，冠幅0.6~0.9m。产量高，适宜pH值略高的土壤。适宜种植于花盆，作为家庭园艺栽培，具有装饰作用。

'阳光蓝'

16. 明星（Star）

'明星'是南高丛早中熟品种，成熟期在5月中旬至6月初。生长速度快，树势中等，半直立型树形。大果型，果实大小均匀，果皮深蓝色，果实风味浓，硬度佳，有清香味。产量中等偏上，适宜用于鲜果生产。冬季需冷量在400h左右，春季开花前展叶，展叶状态较好，在需冷量不足的情况下，花芽分化容易受影响。从开花至成熟间隔时间非常短，成熟期相对集中，易于人工采摘。易患灰霉病，栽培过程中要注意病虫害的防治。

'明星'

17. 海岸（Gulf coast）

　　'海岸'是美国密西西比州'蓝丰'为亲本育成的南高丛中熟蓝莓品种。成熟期为5月底至6月上旬，成熟果实为蓝色，果粒大，近扁圆形。果实表面均匀覆盖白色果粉，果肉为浅黄绿色。酸甜适度，有特殊香味，口感爽脆。平均单果重2.1g，可溶性固形物含量12.5%，总酸含量10g/kg。0~2℃条件下贮存10d果实品质基本保持不变。果实肉质较硬，较耐运输。果实采收时，果柄有轻微黏连果蒂现象，不易脱落，包装前需适当清除果梗。适宜鲜食采摘和产品加工。株高1.2~1.5m。植株生长旺盛，土壤适应性强，pH值4.5~5.8范围内都能正常生长。4年生果树平均株产3.8kg，最高株产4.6kg。

'海岸'

南方蓝莓园艺栽培技术
　　——周年管理工作历

18. 凯米拉（Camellia）

'凯米拉'是美国佐治亚大学育成的中早熟南高丛蓝莓品种。成熟期为5月中旬至6月上旬，采收期长。果粒大，亮蓝色，果粉较厚、紧密，耐雨淋。果蒂痕小而干，果皮厚，果实硬度好，有热带水果的独特香味。适合鲜食采摘，也可远途运输。甜度高，口感极佳。树形直立，树势生长旺盛。植株可长到1.8m以上，相对高大，因此该品种建议露地栽培，少控根器栽培。对土壤要求不严格，但沙壤土最适宜。易感枝条枯萎病。

'凯米拉'

19. 盛世（Millennia）

南高丛的一个早熟蓝莓品种，需冷量300h，比'夏普蓝'早1周，与'明星'同时成熟。果实为大果型，淡蓝色，采摘瘢痕和果实硬度良好，风味柔和。果蒂痕小，易干。植株长势旺盛，稍微开张，可形成大量花芽并具高产能力。冬季耐低温，土壤适应能力强。丰产性非常好。对枝干溃疡病具有较高的抗性，对根腐病抗性中等，对茎枯病具有低至中等抗性。

'盛世'

20. 苏西蓝（Suziblue）

'苏西蓝'属于南高蓝莓苗品种中的早熟品种。该品种是'明星'的杂交后代，是'明星'的升级版品种，既具备'明星'的优点，在树势方面又优于'明星'。'苏西蓝'果实较大，通常在2.0~3.0g，果蒂痕小而干。果实硬度好，适合鲜果市场，耐储藏运输。风味好，果实口感极佳，酸甜可口，具有浓郁果香。树体长势旺盛，半开张形，中等树冠；叶形漂亮，尤其在暖冬条件下。适应性较强，在我国南北方均可种植。能自花授粉，但配置授粉树可提高产量和品质。

'苏西蓝'

二、苗木选购

市售蓝莓苗通常为钵苗。选择2~3年龄的苗木。挑选苗木的重点在于根系发达，基生枝不超过3枝，健康粗壮且木质化程度不高。有的苗木枝条较少，但只要根系发达，种植后管理得当也能生长良好。

品种	时间		
	五月	六月	七月
优瑞卡	▬		
奥尼尔	▬▬		
绿宝石	▬▬		
薄雾	▬▬		
天后	▬▬		
明星	▬		
珠宝	▬		
夏普蓝	▬▬		
南月	▬▬		
阳光蓝	▬		
莱克西	▬		
杜克	▬		
布里吉塔		▬▬	
灿烂		▬	
巴尔德温		▬	

南方主栽蓝莓品种的成熟期汇总

对于家庭盆栽种植，可以尝试购买1年龄的幼苗，体验从幼苗慢慢培养的乐趣。非常幼嫩的苗不适宜直接种植在大盆中，需要用适宜的小盆培育，后期转移至大盆。

市售的蓝莓钵苗，具有发达的根系

蓝莓小苗的培育

一、整地

　　蓝莓的根系细弱，对干旱和水涝都很敏感。在南方降雨量大的地区田间种植时，必须注意排水防涝。在缓坡区域可以借助地形的优势充分排水，在排水较差的地区，需要采取高厢深沟的种植模式，或采用控根器种植模式。如果建设了避雨棚，可以不必起垄，只需要注意避雨棚四周的排水即可，此时可以选用控根器或容器进行种植，具体技术要点见［技术点1］。

技术点1

整地技术要点

　　厢宽4.5~6m。厢面上起垄，每厢垄数2~3个，垄宽1m、垄高0.3~0.5m，垄间距0.8~1m。每厢之间挖深沟，沟深0.6~1m，沟宽0.4~0.6m。

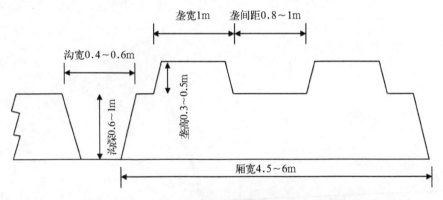

开厢起垄示意图

　　整地结束后，要在垄上挖种植穴。种植穴要足够满足蓝莓生长期的根系生长。在地势平坦的地方也可以采用控根器栽培，控根器规格为直径0.6~0.8m，高为0.4m。控根器可直接放在防草布上，也可以直接接触土壤。在低洼排水不好的地方，控根器放置在厢面上，厢面宽为10~15m，沟深0.6~1m，保证积水能排出该地块。每厢可放置4行控根器，株距为0.8~1m，行距为2.5~3m。

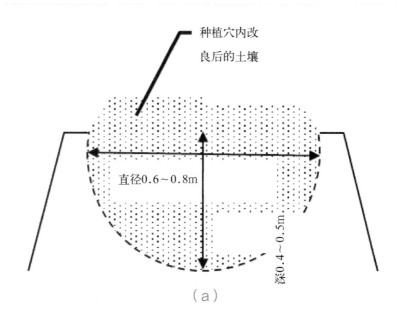

种植穴内改
良后的土壤

直径0.6～0.8m

深0.4～0.5m

（a）

（b）

种植穴栽培

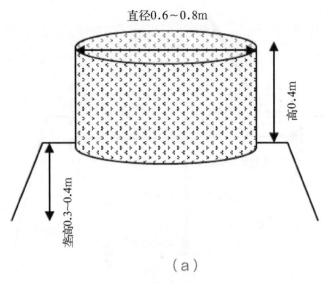

直径0.6~0.8m

高0.4m

垄高0.3~0.4m

（a）

（b）

控根器栽培

　　近年来，避雨栽培在南方地区逐渐兴起。在避雨设施栽培条件下，可采用控根器，也可以采用盆栽。控根器和盆的规格通常为40cm×40cm×40cm的方盆。株距为0.8~1m，行距为2.5~3m。

（a）

（b）

设施大棚容器栽培

二、改土

蓝莓适宜在酸性、疏松、透气的土壤中生长（参阅［小知识3］）。高丛蓝莓要求土壤pH 4.5~5.5，兔眼蓝莓土壤适应性相对较强，pH 5~6.5可种植。用草炭土、锯末、松针、椰糠、珍珠岩等作为改善土壤孔隙度的改土材料，用硫黄粉或硫酸亚铁调节土壤pH（表2），但pH 7.0以上的碱性土壤很难调整酸度，不能种植蓝莓。田间采用控根器种植时，可以用全基质代替园土。基质通常为草炭土、营养土、珍珠岩、锯末等的混合物，混合后的基质为酸性，可以不再加入硫黄粉。

家庭盆栽种植蓝莓时，用直径30~40cm的塑料花盆。采用全基质栽培，盆土与控根器用土相同。

表2　调节土壤pH至4.5的硫黄粉用量

土壤原始 pH	沙土/（kg/ hm²)	壤土/（kg/ hm²)	黏土/（kg/ hm²)
4.5	0	0	0
5.0	200	600	900
5.5	400	1200	1800
6.0	600	1800	2550
6.5	750	250	3400
7.0	950	2850	4300

注：如果使用硫酸亚铁，用量是表中用量的8倍。

小知识3

蓝莓为什么喜欢酸性土壤？

蓝莓属于杜鹃花科植物。杜鹃花科植物都是喜酸性土壤植物，同时对土壤中有机质含量要求较高。对于大多数植物，酸性土壤会妨碍磷元素的吸收，酸性土壤也会促进铝离子溶解，对植物造成铝毒害。那么杜鹃花科植物是如何适应酸性土壤的呢？

杜鹃花科植物能在酸性土壤中生存，主要是有菌根的存在。杜鹃花类菌根为杜鹃花科植物特有的菌根，这种菌根能协助杜鹃花科植物在酸性土壤中吸收磷元素，并且抑制铝离子的毒害。在自然界中，杜鹃花科植物的菌根是广泛存在的。种植蓝莓时，无论是田间还是盆栽，蓝莓根系必然有杜鹃花类菌根共生。扦插的蓝莓苗刚开始时没有菌根，但种植后1年内就会逐渐有共生菌根。近年来，研究者把杜鹃花科的杜鹃花类菌根分离出来加入肥料，这样在施肥的同时就能增加菌根的量，促进蓝莓对土壤磷元素及其他营养元素的吸收。

第三章

蓝莓周年
管理措施

	一月	二月	三月	四月	五月	六月	七月	八月	九月	十月	十一月	十二月
高丛蓝莓	休眠	休眠	萌芽	第一次抽梢		第二次抽梢	第二次抽梢	第三次抽梢			红叶	休眠
			开花	果实膨大	果实采收		花芽分化	花芽分化			落叶	
管理措施	冬季修剪	萌芽肥		壮果肥			夏季修剪	采果肥			冬季修剪/基肥	

高丛蓝莓周年管理措施一览图

一月——休眠期，进行冬季修剪

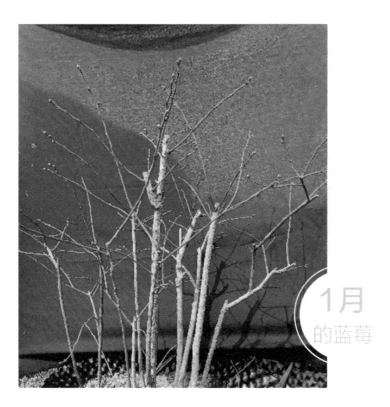

1月
的蓝莓

　　1月是冬季最冷的月份，此时蓝莓处于冬季休眠期（参阅［小知识4］）。大多数品种在休眠期会落叶，容易观察树体形态、枝条性状、花芽着生等情况。栽培管理重点概述如下。

小知识4

关于蓝莓的休眠

　　蓝莓经历冬季休眠后，在春季会逐渐恢复生长。高丛蓝莓在冬季休眠期对低温的需求更多。理论上，高丛蓝莓的需冷量低于7℃为650~800h，兔眼蓝莓低于7℃为400~600h。高丛蓝莓中的南高丛蓝莓需冷量也相对较低，有的品种几乎接近兔眼蓝莓。因此，在温暖地区冬季低温冷量较少的地方，可以种植兔眼蓝莓或南高丛蓝莓，而在寒冷地区冬季气温较低、低温时间较长的地方适合种植北高丛蓝莓。

休眠期的蓝莓树

1. 浇水

天气干燥时，田间种植的蓝莓需要偶尔浇水。盆栽蓝莓需要放置在光照好的地方，盆土表面稍微干燥就应该及时浇水。

2. 冬季修剪

修剪是提高蓝莓产量和品质的重要措施。合理修剪可以促进结果枝生长、平衡营养枝与结果枝比例。修剪可以使树体通风透光，从而促进花芽分化、提高叶片光合效率、减少病虫害发生。具体技术要点见［技术点2］。

技术点2

冬季修剪技术要点

（1）认识蓝莓的芽和枝条

① 芽的类型　蓝莓的芽有花芽和叶芽之分。花芽通常着生在结果母枝的顶端，叶芽着生在结果枝中下部，有的兔眼蓝莓结果母枝长达1m，在其中部也会着生数个花芽。花芽肥大而饱满，能看见明显的鳞片包裹；叶芽小而细，颜色较深。

蓝莓的花芽（顶端4个饱满芽）和叶芽（基部瘦小芽）

修剪

② 枝条的类型　蓝莓的枝条有主干枝、主枝、结果枝几种枝条。蓝莓是灌木果树，从地下根系直接长出基生枝，形成蓝莓的主干枝；根颈周边抽生的粗壮枝条也可以形成主干枝。主枝是从主干枝上抽出的枝条。结果枝通常是上一年抽生的春梢，着生有花芽和叶芽。

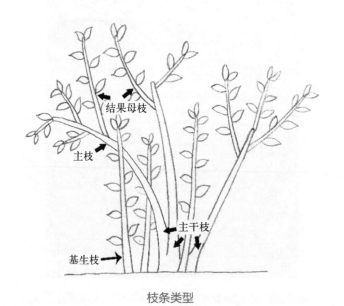

枝条类型

（2）修剪方法

① 幼树（种植后1~2年） 种植开始1~2年的幼树可以长出花芽，但是通常把幼树的花芽去掉，否则会影响树木生长，造成树体早衰。幼树的修剪目的主要是促进营养枝生长、尽快扩张树冠、形成优良的树形。

② 结果树（种植后3年） 种植后第3年要通过修剪促进蓝莓树开花结果。种植后第3年结果枝相对增多，修剪时要观察枝条的长势。枝条有粗壮长势好的，也有细弱长势差的。修剪时，首先去除细弱的结果枝。新生基生枝留下1~2枝培养成主干枝，使主干枝总数为3~4枝。

③ 结果树（种植后4年） 基生枝数量逐渐增加，保留新生基生枝2~3枝培养成主干枝，使主干枝总数为5~6枝。将脆弱枝条和拥挤枝条去除，使树体内充分通风透光。

④ 结果树（种植后5年） 这个时期剪枝的重点在于更新老枝，使枝干重新生长。一是更新主干枝，如果衰老的主干枝较多，从贴近地面的位置去除一部分。继续保留新生基生枝2~3枝，同时去掉老枝2~3枝，使主干枝总数维持在8~10枝。通过剪枝，树的茂密程度大约变为原来的一半。二是修剪主枝或结果母枝，剪去主枝顶端因上一年结果后变得脆弱的部分，留下基部着生花芽粗壮枝条，可以促进果实的生长。三是将纤细的、脆弱的枝条进行疏剪，将徒长枝剪掉，将着生过多花芽的枝条适当短截。

3.采集扦插用枝条

如果要尝试扦插繁殖蓝莓幼苗，扦插用枝条应该在这个季节采集并保存。具体技术要点见［技术点3］。

技术点3

扦插技术要点

扦插是蓝莓的主要繁殖方式之一。通常有两种扦插方法，一种是用发芽前的休眠枝来进行扦插，也称硬枝扦插；另一种是使用在6月中下旬到7月上旬的当年生枝条进行绿枝扦插，也称嫩枝扦插。嫩枝扦插需要在气温较高的环境下进行，难度大。新手可用休眠枝进行硬枝扦插练习。

（1）硬枝扦插

① 采集枝条 在12月到3月上中旬的蓝莓休眠期剪取枝条，将枝条剪

为35cm左右长度，区分枝条顶端和底端，顶端和底端同一方向放置。约10枝为一捆，用保鲜膜包裹好。标注蓝莓品种名称和采集日期，放入冰箱冷藏。枝条可在冰箱中保存至2、3月。如保存不当，枝条易出现腐化、干枯等症状。如果在春季发芽期前（2月中下旬）采集枝条，可以不用冷藏，直接进行扦插。

② 枝条处理　硬枝扦插用的蓝莓枝条需要粗壮、已木质化的一年生枝条。将枝条裁剪到10cm左右，去除枝条上的花芽，保留叶芽。根部用锋利的刀斜切，尽量不用枝剪剪切。

③ 苗床准备　扦插用的土壤基质，需使用草炭土和珍珠岩等量混合。为提高扦插成活率，每次扦插时需使用新基质，而不能使用上次扦插用过的旧基质。

④ 扦插后管理　扦插成活，枝条会长出2~3根新梢。长到5cm左右后会暂时停止生长。再过一段时间，约两个半月，停止生长的新梢会长出新芽，进行二次生长。当枝条开始二次生长的时候根开始生长，之后需控制水量，保证土壤的透气性以促进发根。此时的小苗应该可以移到小钵中培育，但是最佳移植时间为第2年的3月，在蓝莓萌芽之前。

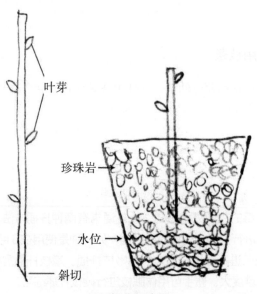

扦插操作示意图

扦插后发芽的状态

　　（2）绿枝扦插（嫩枝扦插）　选用夏季带叶子的枝条用作扦插被称为绿枝扦插。与硬枝扦插相比，绿枝扦插是在气温较高的时候进行，因此相对难度较高。为迎合市场需要，工厂化生产苗木常采用绿枝扦插。工厂化生产苗木的设备齐全、技术成熟，绿枝扦插的成功率高。本书主要介绍普通种植者可以完成的绿枝扦插技术。

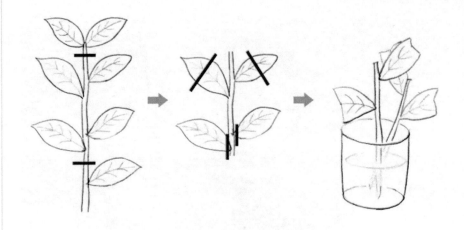

绿枝扦插操作示意图

① 获取穗条　穗条获取的时间不能太早也不能太晚，最适宜的时期大约在6月中下旬到7月上旬，新梢生长暂停期间。取下枝条后立刻进行扦插。

② 枝条处理　新梢基部到前端都可以用作扦插。将枝条剪到大概10cm长度，基部用锋利的刀子斜切。除去基部原有的叶子，留下短枝上端的两片叶子，剪掉叶子的1/3 ~ 1/2，基部浸入水中，充分吸水。

③ 苗床准备　扦插用的土和硬枝扦插一致。

④ 扦插后的管理　每天早上浇水，保持土壤湿润。塑料小拱棚里有水雾说明湿度适中。扦插后，大概3~4周开始发根。确认发根后就可稍微揭开塑料小拱棚，使其逐渐适应外面空气。秋季气温降低，枝条停止伸长，开始落叶。移植苗木可在秋天落叶至来年春天进行。

4. 清园

修剪结束后，主枝干和树盘喷施石硫合剂。

二月——初春回暖，萌芽开始

2月
的蓝莓

大部分蓝莓品种在2月份仍处于休眠阶段，但某些蓝莓品种在2月底已经开始萌芽。栽培管理重点概述如下。

1. 浇水

天气干燥时，田间种植的蓝莓需要偶尔浇水；当盆土表面干燥时，需要适量浇水。

2. 光照

盆栽蓝莓需要放置在光照充足的地方。

3. 修剪

这个阶段继续完成修剪工作。

4. 施肥

修剪完成后，在蓝莓萌芽前及时施入萌芽肥，萌芽肥以高氮复合肥为主。具体技术要点见［技术点4］。

技术点4

施肥技术要点

施肥是田间管理的主要内容之一。植物生长把营养从土壤中带走，如果不及时补充土壤中养分，将影响植物的长势和产量。土壤养分的补充即施肥，对于蓝莓的生长，氮磷钾10-10-10和5-10-10的复合肥是比较理想的肥料。幼树种植后，大约在一个月之后施入第一次肥料。施肥量为50g/株。将肥料均匀撒在树冠滴水线外10~15cm的环圈中。第二次施肥时间在6月上旬，施肥量50g/株。如果植物长势较弱，在9月中旬再施一次，施肥量50g/株。之后施肥量逐年提高，直到6~8年后树体成年。成年树的全年施肥量为500g/株，可以分两次施入，2/3肥料在萌芽前施入，1/3在开花后一个月施入。如果长势差，在11月施入一次冬肥，200~500g/株。沙质土壤保肥性差，但如果过度施入肥料又会造成伤根。所以在沙质土壤上种植蓝莓时，建议用草炭改土后再栽培。有机肥是重要的土壤改良剂。如果有机肥来源充足，建议每年施入冬肥时施入一次有机肥。选择有机肥时要选择酸性有机肥，避免碱性有机肥，防止中和土壤酸性。

---

5. 嫁接

萌芽前是嫁接（切接）的最佳时期，具体技术要点见［技术点5］。

技术点5

嫁接技术要点

（1）切接

① 砧木的准备 蓝莓的枝条坚硬、容易裂开，嫁接时，需要准备切枝条的锋利小刀。蓝莓嫁接中，通常用兔眼蓝莓作为砧木。兔眼蓝莓品种'乡铃'（Homebell）发根性强、长势旺盛，与高丛蓝莓的亲和性高，是常用的砧木

品种。砧木上的多年生枝条和一年生枝条都可以嫁接，但越嫩越好。砧木和穗条的粗度也应该尽量接近，这样嫁接部位的愈伤组织长得越好，枝叶发育越好。

②穗条的获取　嫁接和硬枝扦插一样在3月上中旬进行最好，随着气温的升高，越晚存活率就会越低。穗条的获取与硬枝扦插用枝条一样。

③嫁接后的管理　如果穗条上长出了芽，证明嫁接成功。砧木上长的芽要随时去掉。嫁接部位在幼树阶段比较脆弱，有可能从此处折断，因此需要用支柱等加强支撑。

约5cm茎段

接穗侧切去表皮

砧木平切面1/2处斜切

南方蓝莓园艺栽培技术
——周年管理工作历

捆紧嫁接口

切接的流程：①接穗截为长度约5cm的茎段，着生有一个叶芽；接口端为45°左右斜面，斜面与叶芽相对。②在接穗的叶芽侧切去表皮，露出形成层。③砧木顶端平切，在平切面的1/2处斜切，形成小的斜面，在此斜切面向下切去表皮，露出形成层。④用嫁接带捆紧嫁接口，并密封接穗顶端的切口。

（2）芽接　芽接的最佳时期是在8月下旬到9月上旬。蓝莓的芽接通常也是用兔眼蓝莓作为砧木。做砧木的枝条用当年新梢最佳，砧木枝条要求粗壮、健康，直径1~1.2cm。嫁接时，在枝条上的离枝条基部5~10cm的位置进行。嫁接一周后，如果嫁接成功，触摸叶柄时叶柄会从基部脱落；如果叶柄萎缩无法取下，说明嫁接失败。

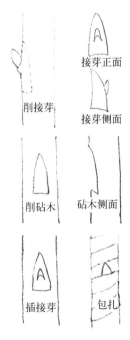

接芽正面

削接芽

接芽侧面

削砧木

砧木侧面

插接芽

包扎

芽接操作示意图

3月
的蓝莓

　　在3月上中旬，随着气温逐渐上升，蓝莓逐渐解除休眠，开始萌芽。但不同蓝莓品种的萌芽期不同，休眠浅的品种萌芽较早，休眠较深的品种萌芽较晚。在蓝莓萌芽开始之前，应完成所有剪枝作业。南方3月上中旬蓝莓陆续开花。蓝莓花的观赏性强，形状呈吊铃形、壶形等，色泽为白色和粉红色（参阅［小知识5］）。栽培管理重点概述如下。

小知识5

蓝莓花——娇小可爱、多姿多彩

　　观察蓝莓的开花过程，像从一个"小房间"似的花芽中长出数个小花。根据开花的位置不同，开花时间不同，一棵树的开花时间大概在3~4周。

一朵花内含一根雌蕊，雄蕊大约为10根，围绕雌蕊生长。花瓣是合并的，呈吊铃形或壶形。形状、颜色、大小因品种会产生差异，放在一起比较也很有意思。即使是一样的吊铃形的高丛蓝莓，有像'斯巴达'（Spartan）、'北卫'（Patriot）这样圆扁的形状，也有像'考林'（Collins）这样形状偏长的。而兔眼蓝莓的开口较小，呈壶形。

花色有白色、浅红色、淡黄绿色等。一般偏白色的是兔眼蓝莓，白色到浅绿白色的是高丛蓝莓。花房的长度也因品种不同而有差异，有长也有短。

蓝莓花冠的形状

1. 浇水

天气干燥，田间种植的蓝莓需要持续浇水，保持盆土湿润。盆土表面干燥了就需要适量浇水，约1周浇水一次。

2. 光照

盆栽蓝莓需要放置在光照充足的地方。

3. 扩繁

3月是蓝莓扩繁的最佳时节。蓝莓扩繁的方法有扦插、嫁接、播种、组织培养等。其中，嫁接还是提高果实产量、品质、抗性的一种高效栽培方法。例如，把高丛蓝莓嫁接在兔眼蓝莓上，可以使高丛蓝莓对土壤的适应性增强，并且果实也更大。扦插技术要点见［技术点3］。

4. 杂交

蓝莓是自交不亲和植物（参阅［小知识6］）。新品种育成主要依赖人工杂交育种，杂交育种必须在每年开花期间完成。进行杂交育种之前，应确定用于杂交的亲本。杂交技术要点见［技术点6］。

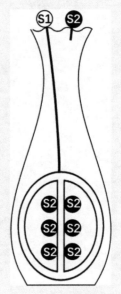

继续发育。挂上标签，注明母本材料名。注意处理不同品种时不能使用同一镊子。如果使用同一镊子，应用酒精将镊子充分消毒。

（2）授粉　去雄后2~3d进行授粉。授粉应在天气晴朗的早上露水蒸发后进行。首先取花粉，折取父本植株上开花较多的花枝作为花粉源。解开去雄母本花枝的果袋，用尖头毛笔蘸取花粉涂抹在母本雌蕊的柱头上，涂抹时可明显观察到柱头上的黏液可黏连住花粉。涂抹完所有柱头后，将果袋重新套在母本花枝上。在原来的标签上注明母本材料名和父本材料名，注明杂交日期。注意处理不同品种花粉时不能使用同一毛笔。

（3）果实发育　杂交完成20~30d后，花期结束，果实坐果完成。拆去果袋，换用尼龙网，套袋方法与果袋套袋方法相似。待果实完全熟透后（即果实明显软化，果柄顶端转为紫色并开始枯水时）采集果实，取出种子进行播种观察。

（a）

（b）

（c）

（d）

（e）

（f）

杂交流程

杂交流程：①选择即将开花的花序。②用镊子撕开花冠。③去除雄蕊，仅剩雌蕊。④2～3d后，用父本花粉进行授粉。⑤授粉后用果袋包裹住整个花序，防止其他花粉进入。⑥坐果后，替换为透气的尼龙口袋，避免后期采收时识别。

南方蓝莓园艺栽培技术
——周年管理工作历

4月
的蓝莓

春梢顶端有小黑尖

紧靠黑尖的叶芽展开，开始二次抽梢

（a）

（b）

膨大中的果实

　　花朵凋零后会长出新梢，4月是春梢生长的主要时期（参阅［小知识7］）。春梢的生长大约分三次，第一次在4月中旬结束，枝梢顶端出现一个小黑尖，即表明春梢停止生长（黑尖期）。7~10d后，紧靠黑尖的叶芽展叶，春梢继续生长。如果想要高产，这个时期的管理非常重要。4月也是早熟蓝莓果实快速生长期（参阅［小知识8］）。栽培管理重点概述如下。

蓝莓的树形和枝条的生长

（1）蓝莓的树形　侧面观察蓝莓树，从主干枝的生长方向能大概看出品种之间树形的差异。以兔眼蓝莓为例，'梯芙蓝'（Tifblue）是树枝向上的直立型，而'乌达德'（Woodard）是枝条向四周摊开的开张型。高丛蓝莓中，'布里吉塔'（Brigitta）、'甜心'（Sweetheart）、'斯巴坦'（Spartan）、'考林'（Collins）、'瑞恩科斯'（Rancocas）、'北卫'（Patriot）是典型的直立型树形，'比洛克西'（Biloxi）是典型开张型树形。

直立型树形品种'甜心'

开张型树形品种'比洛克西'

　　（2）枝条的生长　蓝莓的枝条在开花后开始生长，大概3月下旬开始叶芽发芽、伸长。4、5月间，枝条渐渐伸长，叶子变多，直至6月上旬停止生长，即完成第一次生长。6月下旬至7月开始二次生长。树势好的情况下，8月下旬到9月上旬还会有第三次生长。

　　树根的根部长出的强壮枝条和从地下茎中生长出来并且突破地面的枝条（基生枝），会成为将来结果的主干枝，需要重视。但是，远离根颈位置的基生枝需要尽早去除。树势旺盛时，可以在6月进行摘心，促进分枝，扩大树形。

小知识8

蓝莓果实的膨大和成熟

　　蓝莓果实在授粉后50~90d成熟。蓝莓果实的发育过程有幼果期（绿色果）、膨大期（绿白色果）、粉果期、紫果期、成熟期五个阶段。果实转色至粉果期前有一个快速膨大的过程（即膨大期），之后膨大速度减缓；从紫果期到成熟期又会有一次膨大生长。根据果皮颜色来进行判断的话，果实生长发育的过程中，果实最先变成明亮的绿白色；然后变成粉紫色，果萼的周围变红；果实进入成熟期前，转为紫色；成熟时，果实变成蓝色，果柄周围留下粉色；果实完全成熟时，整体变成浓烈的蓝色。

最佳的采收期是果实整体变成深蓝色后约1周，这个时候果实很容易从果柄上摘下，用手指就可以轻松摘下。

同一棵树上，早熟的果实比晚熟的果实大，越晚熟的果实越小。

1. 浇水

如果天气干燥，田间种植的蓝莓一定要持续供水，保证春梢快速生长。盆栽蓝莓需要放置在光照充足的地方，但要注意倒春寒的冻害、霜害，如果有倒春寒预报，要在傍晚把花盆放到房间里，防止花朵受冻。盆栽蓝莓的表土干了就需要充分浇水，直到水从花盆底下流出为止，5~7d浇水一次。

2. 摘花

蓝莓扦插后1~2年就能开花结果。但幼树开花结果会影响树体生长，因此需要摘掉幼树的花，使枝条充分生长。

3. 授粉

田间种植的蓝莓，可以借助蜜蜂授粉，在花期将一定数量的蜂箱放置在田间即可。需要注意的是，一定要用不同品种的花粉授粉。因为高丛蓝莓和兔眼蓝莓之间是无法互相授粉的，所以必须从同一类型中准备两个以上的品种。小面积种植或盆栽种植的蓝莓，可以采取人工授粉。用细头棉棒或者授粉专用羽毛刷，开花后2天左右从花朵上获取花粉，轻轻拍打花朵让花粉蘸到棉棒上，然后蘸到其他品种的花雌蕊上面。

4. 除草

这个时期杂草开始生长，需要定期除草。

5. 灰霉病防治

4月出现倒春寒时，低温、高湿天气容易引发灰霉病。

6. 组培快繁外植体采集

如果要进行组培快繁，新生的春梢是组培快繁外植体的最佳材料。组培快繁技术要点见［技术点7］。

组培快繁技术要点

（1）外植体的准备　采集外植体的最佳时间为3～5月，当年生的春梢最适合用于蓝莓的组培外植体。选择的枝条不应过于幼嫩，木质化程度也不能过高。采集枝条后，去除枝条两端，去除叶片，将枝条剪短至约10cm，用多菌灵完全浸泡30min，再用流水冲洗约2h。在无菌条件下进行灭菌，用75%的酒精浸泡30s，无菌水冲洗1次，3%次氯酸钠溶液浸泡10min，无菌水清洗4~5次，上述操作重复一次，然后将枝条两端褐化部分切掉，将茎段切成1cm带芽的小段，接种在培养基上。

外植体枝条

（2）培养基的准备　推荐蓝莓组培快繁的基础培养基为改良WPM培养基，推荐培养基中的植物生长调节剂为4 mg/L玉米素。培养基经过高温高压灭菌后，在无菌组培瓶中凝固为固体培养基。

（3）组培苗的培养　将准备好的外植体基部向下斜插入培养基中，以培养基不覆盖芽点为宜，每瓶放置6个外植体，密封培养瓶，放置在25℃、黑暗光照下培养。其间定期观察是否有病菌污染，如果瓶中有个别枝条污染，可以把未污染的枝条在无菌条件下取出放在新的培养瓶中；如果瓶中大部分枝条都被污染，应该扔弃该瓶的所有枝条。培养2周后，芽点逐渐萌发，约8周后进行继代培养。

（4）继代培养　将在培养瓶中长出的新梢取出，在超净条件下放在无菌滤纸上，用无菌手术刀将新梢进行分段。首先切去顶部和基部，取中间部分切成1cm左右小段，每个小段上带1~2个芽，每个小段的基部朝下插入继代培养基（WPM基础培养基+1mg/L玉米素），每瓶可放置6～10个茎段，8周左右可形成新梢，用于继续继代培养。

（5）组培苗炼苗与生根　将生长8～10周的再生苗转移到生根培养基[WPM、2 mg/L萘乙酸（NAA）、0.5 mg/L 6-苄基腺嘌呤（6-BA）]中，一个月后可形成大量根系。在组培瓶中加入适量无菌水，炼苗3d，随后移栽至草炭基质中栽培。

（a）

南方蓝莓园艺栽培技术
——周年管理工作历

（b）

（c）

组培苗流程

组培苗流程：①消毒后的茎段接种在培养基中；②约2周后形成芽点；③约8周后形成新梢。

5月
的蓝莓

进入5月，在温暖的地区已是初夏，蓝莓陆续进入果实膨大期（参阅［小知识9］），早熟品种在5月上中旬成熟。在这个季节，春梢继续生长。栽培管理重点概述如下。

蓝莓的果实

蓝莓果实成熟后，果实大多呈扁圆形，外皮基本呈现深蓝色。一般消费者不易分辨出不同品种果实的差异，但仔细观察会发现，对于不同的蓝莓品种，其果实大小、果实形状、果皮颜色、果粉（果皮表面的一层粉末状物质）、果萼大小、果萼着生部位直径、果萼高低、果萼性状等均不一致。

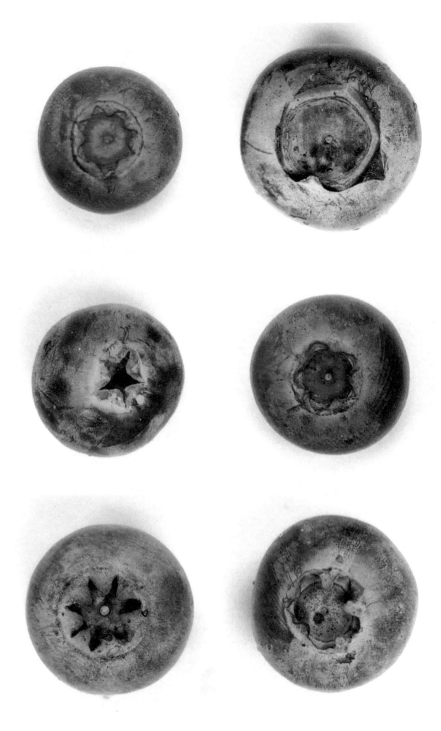

蓝莓的果实（正面）

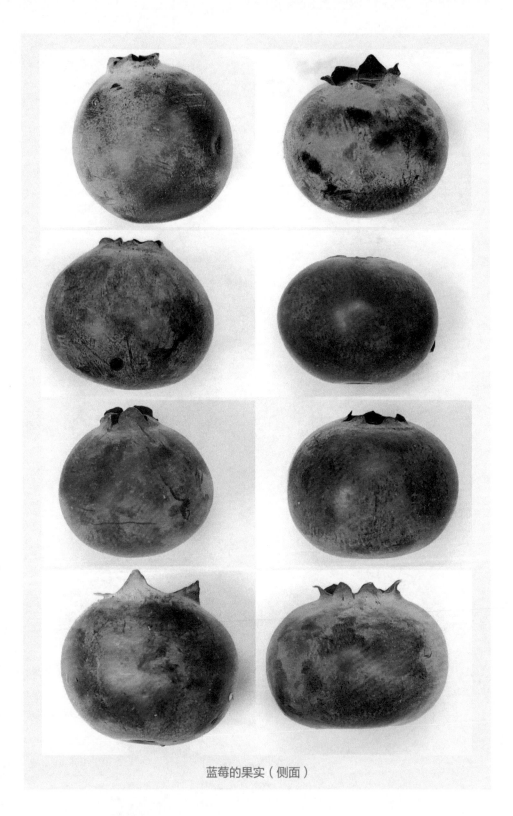

蓝莓的果实（侧面）

南方蓝莓园艺栽培技术
——周年管理工作历

1. 浇水

5月偶尔出现干热天气，田间种植的蓝莓一定要保证供水。盆栽蓝莓需要放置在光照好的地方，表土干了就需要充分浇水，直到水从花盆底下流出为止，3~5d浇水一次。

2. 修剪

兔眼蓝莓在距离根颈较远的位置可能会长出基生枝，应该及时去除，否则树形会变得杂乱。

3. 除草

这个时期杂草生长较快，需要定期除草。如果在树根周围覆盖了较厚的有机物，杂草生长会相对较少。

4. 采收

同一品种的果实采收期持续2~4周。一个果穗上的果实不会一次性全部成熟，采收时将成熟的果实一颗一颗摘下来。果实转为蓝色约一周后才真正成熟，此时连柄也会变色。但大规模种植的园区通常在果实转色后就开始采摘，保持果实适当硬度，可以保证果实较长的货架期。采收太迟，会导致裂果和落果。

5. 热害防治

初夏往往会出现突然的相对高温，导致嫩弱新梢和叶片在几小时内被灼伤。要注意热害防治。

6. 施肥

在果实膨大期，需施入高磷钾肥，促进树体生长，也能促进果实色泽和糖分沉积。

7. 种子播种

果实成熟后，可以取种子进行种子播种繁殖。具体技术要点见［技术点8］。

技术点8

播种技术要点

（1）种子的获取和保存　一个蓝莓果实里面有大概60颗种子。播种也是蓝莓扩繁的方法之一，但实生苗有可能不同于原来的品种，这种现象称作

"性状分离"。种子有休眠期，即使夏天将刚获取的种子马上播种也不会发芽。因此，一般是保存种子，到来年的早春再进行播种。要选择完全成熟的果实，从果实中获取种子。取出的种子阴干4~5d后，与干燥剂一起保存，温度保持在4~5℃，直至第二年春天使用。

（2）播种　播种土壤基质与扦插一致。育苗箱温度保持在25℃左右。如果没有育苗箱，可以用封闭的塑料小拱棚。播种后约1周后开始发芽。

（3）发芽后的管理　苗的高度到5cm左右的时候，就可以移植到直径5cm左右的营养钵中。移植的时候要注意不能把根扯断，要定期浇水。移植后，施用一两颗大豆大小的缓效性化学肥料，1年左右就会育成长度为15cm的苗。

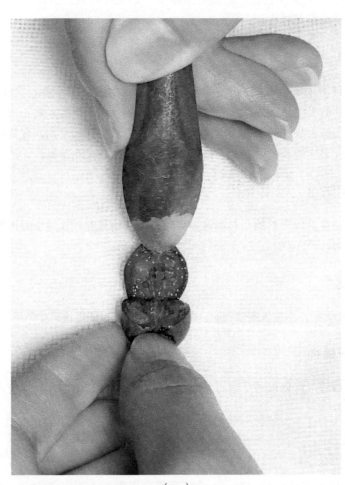

（a）

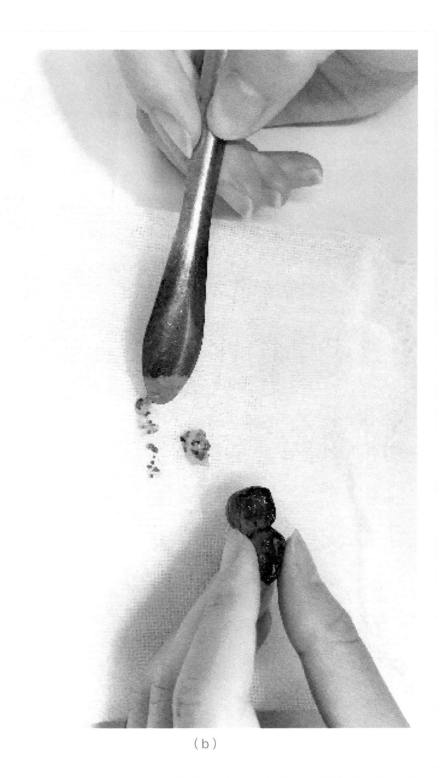

（b）

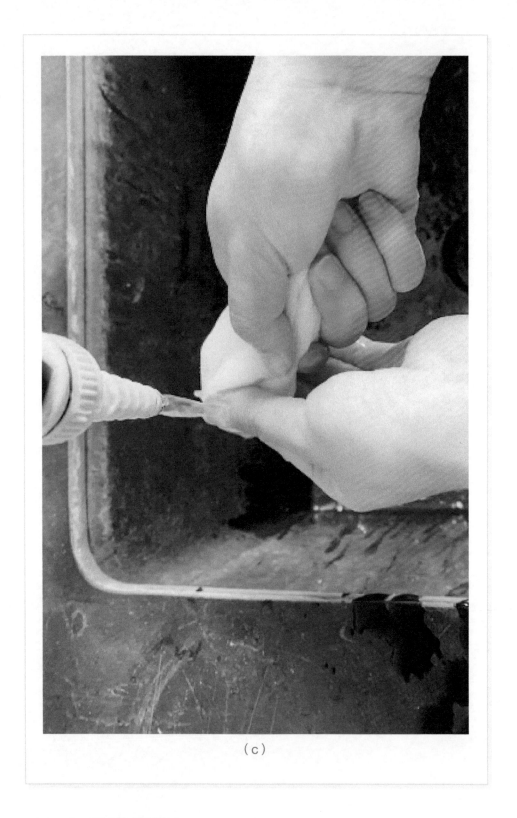

（c）

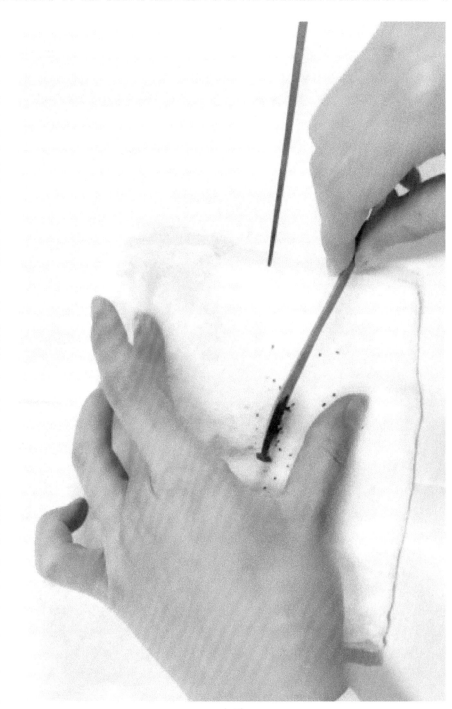

（d）

（e）

南方蓝莓园艺栽培技术
——周年管理工作历

（f）

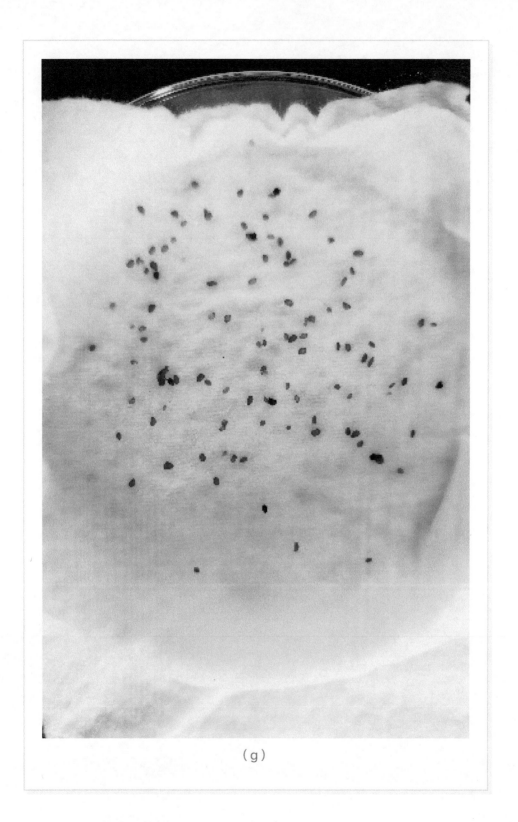

（g）

南方蓝莓园艺栽培技术
——周年管理工作历

（h）

（ i ）

种子播种流程

种子播种流程：①掰开果实。②用小勺取出果肉。③用纱布包裹果肉，用流水反复冲洗。④冲洗后仅剩种子。⑤充分晾干后冰箱冷藏1～2个月以上。⑥播种前用500mg/L赤霉素浸泡24h。⑦浸泡后均匀分散在双层滤纸上，始终保持滤纸湿润，放置在25℃恒温箱中催芽，约一周后种子开始发芽。⑧在穴盘中催芽。⑨移植育苗到营养钵中。

6月
的蓝莓

大多数高丛品种进入丰产期（参阅［小知识10］），从果萼到果蒂都呈现出浓郁的蓝色或蓝黑色，果实会进一步膨大，散发出特有的风味。兔眼蓝莓的果实也逐渐转色为晶莹剔透、如兔子眼睛般的红色。栽培管理重点概述如下。

小知识10

蓝莓的产量

蓝莓树在种植后约6年进入稳产期。最开始的两年需要剪去花芽，阻止挂果；养分补充充分时，第二年可以结果。第三年正式进入结果期，发育正常的情况，一株高丛蓝莓在稳定挂果期可以收获将近5kg的果实。各树龄的大概收获量如表3所示，但是土壤条件和管理技术不同产量会有不同。

树龄	1年	2年	3年	4年	5年	6年
产量/（g/株）	不结果	建议不结果	1000	2000	3000	5000

表3　高丛蓝莓产量预计

1. 浇水

6月田间已开始炎热，一定要保证充分的水分供应。盆栽蓝莓需要放置在光照好的地方，天气偶尔异常干热时，可以在正午把花盆移到遮阴的地方或使用遮阳网，防止热害。表土干了就需要充分浇水，直到水从花盆底下流出为止，3~5d浇水一次。

2. 除草

这个时期杂草生长较快，需要定期除草。

3. 新梢摘心

在6月花芽分化前期对新梢进行摘心，有利于促发更多枝梢、使幼树快速形成树冠，也能一定程度增加花芽的数量。具体技术要点见［技术点9］。

4. 鸟害防治

成熟的蓝莓果实是鸟类喜爱的食物，防治鸟害最有效的方法是架设防鸟网，也可以在园区四周缠绕防鸟带。

防鸟网

新梢摘心技术要点

蓝莓新梢摘心的技术是近年来推广的一项新技术。对于早中熟品种，采收果实后，立即除去新梢顶端一小段枝条。除去后，切口邻近的2~3个叶芽会重新萌发，直至9月，萌发出的枝条长到约10cm长度，并且新生枝条顶端能重新形成2~3个花芽。新梢摘心可结合夏季修剪进行（夏季修剪技术要点见［技术点10］）。

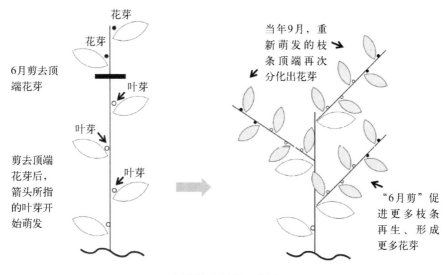

新梢摘心操作示意图

夏季修剪技术要点

（1）夏季修剪操作　夏季修剪是近年来南方地区推广的主要修剪方式。夏季修剪是在采果结束后立即进行，根据当地年积温和光照强度等情况，修剪方式有所不同。在积温相对较低、光照强度较弱的地区（如成都平原），采用回缩和疏枝的方式。首先疏除弱枝、病枝、下垂枝、横向枝，然后疏去长势过强、伸长方向不利于通风透光的枝条，一株树保留一年生枝条总数10~15枝，对保留的枝条进行回缩，减去1/3~1/2。回缩后2周进行摘心，摘心后2周再次摘心，长势强的树可进行3次摘心。进入秋季后，一棵树可形成约60个结果母枝。

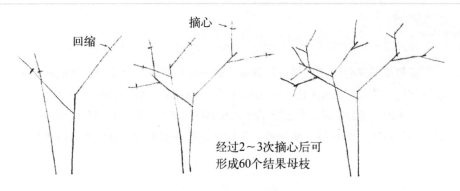

夏季修剪操作示意图

（2）人工遮／补光调控花芽形成　夏季修剪结束后，可进行遮光或补光调控花芽形成，促进翌年果实成熟期提早或延迟。

人工遮光时，在园区上空布置遮阳网，遮光率80%以上，遮阳网距蓝莓植株距离为1.5～2m。进行早晚遮光，把一日的光照时间控制在10h，遮光处理2～3个月后结束。

遮光处理促进果实早熟

人工补光时推荐使用红色光源，可布置4根光带，树冠顶部2根（距离30cm），两侧各1根，灯光远离树冠20~30cm，避免光带烫伤叶片。补光分为两个阶段进行，第一阶段是在修剪结束后进行，每日分别在清晨和傍晚补光，清晨补光在日出前1h和日出后1h，即5:00至7:00（共补2h）；傍晚补光在日落前1h和日落后1h，即19:00至21:00（共补2h）。以后每隔2周清晨和傍晚分别增加补光时长15min，2个月后清晨和傍晚补光都增至3h（5:00至8:00和18:00至21:00），此后进入第二阶段。第二阶段是在日出后0.5h补光（7:00至10:00共3h），日落前半小时补光（16:00至19:00共3h）。每隔2周清晨和傍晚分别延后或提前15min，1个月后清晨补光时间为7:30至10:30共3h，傍晚补光时间为15:30至18:30共3h，此后关闭人工光照，不再进行补光。第一阶段补光促进回缩后新梢的萌发和生长，第二阶段补光有利于新梢由营养生长转化为生殖生长。

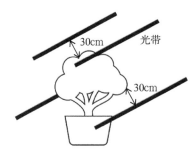

人工补光的灯带设置示意图

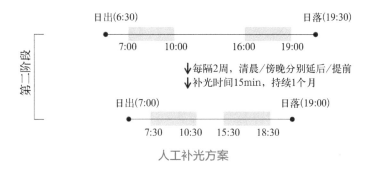

人工补光方案

人工补光促进果实晚熟（红色光源）

（3）热量充足地区的夏季修剪技术　在积温相对较高、光照充足的地区（如云南低海拔地区），在采果结束后，可进行基生枝短截，留30cm左右，后期补足养分，可刺激基生枝上的隐芽短期内强势发梢，之后对新梢进行2~3次摘心，新梢上将形成花芽。摘心时间应在8月上旬之前，否则会影响花芽分化。

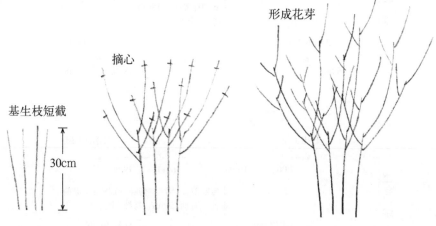

热量充足地区的夏季修剪技术操作示意图

第七节 七月——采收晚熟品种的果实

7月
的蓝莓

兔眼蓝莓成熟期较晚，在这个时期逐渐转为蓝色，进入成熟期。兔眼蓝莓是用于食品加工的上好原料（参阅［小知识11］）。栽培管理重点概述如下。

小知识11

蓝莓果实食用加工

蓝莓的采收期在5月到8月（南方大多数地区），整个夏天可以充分享受新鲜的果实。吃不完的果实可以冷冻保存，或者加工成果酱、调味酱等，这样在一年里都可以享受蓝莓的美味。下面介绍蓝莓酸奶、蓝莓果酱、蓝莓果浆等的做法。

（1）蓝莓酸奶　取蓝莓果实（鲜果和冰果都可以）200g用家用搅拌机破碎后，与自制酸奶400mL混合，根据喜好加入白砂糖。

蓝莓酸奶

（2）蓝莓果酱　果酱是果实加糖后煮干，果实中的酸和果胶凝胶化后形成的食品。准备蓝莓果实（鲜果或冻果）1kg，白砂糖400~500g。将蓝莓果实（整果或切片）放入小锅，加200g白砂糖，文火煨煮，用勺子压碎、轻搅。将剩下的白砂糖全部加入，用中到大火继续煮，直到满意的稠度，大约20min。将果酱装入瓶中，冷却后放入4℃冰箱冷藏，一个月内食用完。

蓝莓果酱

（3）蓝莓果浆　果浆与果酱外形相似，但口感不太一样，制作方法完全不同。蓝莓果浆是生果肉用砂糖浸渍，使糖分缓缓浸入果肉中制成的（热渍法）。蓝莓果浆更具蓝莓果实原本的独特香味。

随机称取100g大小均匀、果肉饱满的成熟果实，去除果梗，用勺子等工具轻轻压碎。将50mL加热溶解的30%蔗糖溶液倒入180mL的果瓶中，密封瓶盖，在60℃恒温箱放置24h。取出果瓶，倒掉浆液，再加入蔗糖溶液（浓度较前次增加10%）。重复前述操作，直到蔗糖溶液浓度达到60%。将制成的果浆充分混匀，于室温冷却后，放置于4℃冰箱保存，一个月内食用完。

（4）蓝莓果茶　蓝莓果茶是由蓝莓果实与其他类茶叶或食材冲泡而成。所使用的蓝莓果实可以是鲜果，也可以是冻果。制作时，首先将果实用器具轻轻压破，冲泡时可以释放出更多花青素。推荐配方：①蓝莓+红茶。制作时红茶酌量放入，添加冰糖或蜂蜜调味。②蓝莓+鲜花。鲜花可选择玫瑰花、菊花、月见草花、桂花、薰衣草等，添加冰糖或蜂蜜调味。③蓝莓+红茶+其他水果。红茶少量，水果可选择柠檬、橙子、猕猴桃、樱桃、菠萝、小青橘、百香果、圣女果等，加入的果实切片或压碎，使果肉果汁充分浸出，最后添加冰糖或蜂蜜调味。

蓝莓果茶（蓝莓+鲜花）

（5）蓝莓果干　蓝莓果干是通过冻干技术制作而成。将新鲜蓝莓果实洗干净，晾干。放入专业冻干机，在真空环境下及−40℃条件下，迅速将果实低温脱水。在低温条件下，果实里的水分先冻结成固态；在真空环境下，固态冰直接变成气态升华。蓝莓果干口感脆爽，水分含量低，果实原有的颜色、味道、营养成分保留较好。

1. 浇水

田间种植蓝莓要保证充分的水分供应，尤其是在连续高温天气。盆栽蓝莓浇水要点同6月。

2. 采收

本月雨水较多，采收要及时，否则雨水导致落果，造成果蝇为害。采收的时候避开降雨，最好在连续晴天时采收。

3. 除草

这个时期杂草生长较快，需要定期除草。

4. 鸟害防治

技术要点和注意事项同6月。

5. 绿枝扦插

这个季节可以用停止生长的新梢进行扦插。如果想增加蓝莓的苗木，可以在自己的田地和庭院里尝试扦插。具体技术要点见［技术点3］。

8月
的蓝莓

　　兔眼蓝莓的采收接近尾声。采收的蓝莓果实如果不能及时食用，可以适当贮藏后再食用（参阅［小知识12］）。蓝莓采收结束后，需要剪去采果后留下的枯枝。栽培管理重点概述如下。

小知识12

蓝莓果实的贮藏

　　蓝莓的果实在夏季常温下通常可以保存3d，因此收获的果实一般都是马上食用，或冷藏、冷冻保存。

保存时间根据品种不同而异，与果蒂痕有关系。如果果蒂痕小而干，如'早蓝'（Earliblue）、'蓝丰'（Bluecrop）等品种，果实就不容易失水，也不容易长霉，可以长时间保存。相反，如果果蒂痕大而湿润，如'蓝光'（Blueray）、'迪克西'（Dixi）等品种，保存时间就相对较短。

1. 浇水

田间种植蓝莓要保证充分的水分供应，尤其是在连续高温天气。同时，8月雨量大，要注意水涝危险，确保田间排水顺利。盆栽蓝莓同6、7月操作。

2. 采收

8月主要是一些晚熟兔眼蓝莓品种的采收，方法同6、7月。临近尾声的蓝莓果实相对较小，但采果时也要等整个果实都变色了再采收。

3. 夏季修剪

采完果实的树开始进行夏季修剪。夏季修剪有两个注意点：一是剪去采果后干枯的结果枝顶端。二是短截徒长枝，徒长枝会影响树体的营养枝和结果枝的平衡，导致结果枝的形成减弱。具体技术要点见［技术点10］。

4. 除草

这个时期杂草生长较快，需要定期除草。

5. 防鸟网收纳

果实采收结束后可以拆除防鸟网，收纳整理。

9月
的蓝莓

9月天气逐渐转凉，树体蒸发量减少，不用像7、8月那样频繁浇水。9月蓝莓新梢停止生长，枝梢顶端形成花芽。此季节是树体储存养分的时期，为明年的生长做准备。田间种植的蓝莓，要在这个时期准备完成整田改土的工作，具体技术要点见［技术点1］；另外，盆栽蓝莓需要换盆时，也需在本月提前准备土壤。栽培管理重点概述如下。

1. 浇水

9月不用像盛夏时那样频繁浇水，但天气干燥时需要及时浇水。盆栽蓝莓放在光照好的地方，盆土表面干了就需要充分浇水。

2. 除草

跟前几个月一样，将树根周围的杂草去除，保持干净。

3. 嫁接（芽接）

9月是嫁接（芽接）的最好时期。具体技术要点见［技术点5］。

4. 9月剪

在蓝莓花芽分化的中后期实施的修剪称为"9月剪"。9月剪有利于收紧树冠，但不影响产量。具体技术要点见［技术点11］。

技术点11

9月剪技术要点

6月至9月是蓝莓花芽分化的季节。在花芽分化的中后期，剪去新梢顶端已分化形成的花芽，邻近的叶芽会转化形成新的花芽。这样可以适当控制树冠，使树冠紧致、便于生产管理操作，又不会损伤产量。

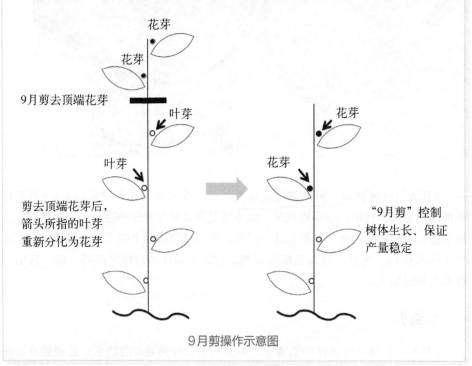

9月剪操作示意图

9月剪效果

第十节 十月——树体渐入休眠期

10月的蓝莓

　　10月完全进入秋天，天气变得凉爽，树根周围的杂草也逐渐减少。在南方地区，蓝莓花芽分化结束，叶片逐渐衰老，树体逐渐进入休眠。10月是种植幼树、移栽大树、盆栽换盆的最佳时期。栽培管理重点概述如下。

1. 浇水

变干燥的时候定期浇水，不用太频繁。

2. 除草

除草工作相对减少，将树根周围的杂草去除，保持干净。

3. 覆盖

为防止干燥，可以在根的周围用有机物（落叶土、树皮、稻谷皮、锯末、稻草等）覆盖田间种植的蓝莓，厚度约10cm。覆盖物会逐渐腐烂，需要逐年补充。

4. 种植与移栽

南方地区适宜秋天种植蓝莓，有利于第二年早春的萌芽生长，春季2、3月也是幼苗种植的适宜时节。有的时候需要移栽成年树，在南方地区，大树移栽的最佳时节也是秋季，具体技术要点见［技术点12］。

技术点12

种植、移栽和换盆技术要点

（1）幼苗种植　购入的蓝莓幼苗通常是钵苗。种植前先对幼苗进行修剪。修剪时选留1~2枝基生枝，除去其他枝条；将选留的基生枝短截至20~30cm，2枝的长度不能一致，长势强的枝条略高于长势弱的枝条。种植时将幼苗从苗钵中轻轻翻倒出来，抖去根团下部1/3 ~ 1/2的泥土，使下部根系松散。在种植基质中刨出略大于根团的种植穴，然后回填少量基质，放入小苗。将基质全部回填，覆盖幼苗根系。一只手将幼苗轻轻上提，同时另一只手压实基质。

（2）大树移栽技术要点　大树移栽和苗木的种植一样，在秋季或是春季进行。蓝莓根系很细且较浅，移栽的时候要避免让已经固定的根破散。移栽时挖深坑，将挖出来的土和草炭土混合后再回填。移栽完后充分浇水，覆盖有机物。

（3）盆栽换盆技术要点　盆栽种植时，蓝莓幼苗可以从较小的盆中逐年换成大盆，直到10~12号的花盆为止。换盆在3月中下旬最适宜，苗木移栽到新盆中后充分浇水，施用缓释肥。每年都在同一时期换盆。

5. 换盆

对于盆栽蓝莓，如果需要从小盆换成大盆，秋季也是换盆的好时节。具体技术要点见［技术点12］。

十一月——观赏蓝莓红叶

11月
的蓝莓

11月进入深秋，很多高丛蓝莓的叶片呈现出美丽的红色，具有很强的观赏性。观赏完红叶后，几乎所有的品种都会在11月中下旬落叶，只有兔眼蓝莓的一部分品种不落叶，直到来年春季都会保留叶片。栽培管理重点概述如下。

1. 浇水

田间种植的蓝莓在天气干燥的时候注意浇水。秋季新种的苗木如果遇到干燥的天气需要勤浇水。盆栽蓝莓放在光照好的地方，如果天气开始打霜，及时把花盆移到不会冻伤的地方；保持花盆表土干燥，稍微浇水即可。

2. 种植

10月未完成的幼苗种植，11月继续进行。

十二月——休眠期，进行冬季管理

12月的蓝莓

12月到次年2月下旬是蓝莓的休眠期（不同地区有一定差异）。蓝莓在这段时期忍受冬季的严寒，等待春季的到来。北方地区开始积雪，为了防止积雪伤到树枝需要做一些工作，但南方地区不用顾虑这个问题。12月需要实施的工作较少，只需适当浇水就可以。大部分品种会落叶，可以趁这个时候仔细观察树枝，为剪枝做准备。栽培管理重点概述如下。

1. 浇水

天气干燥时定期浇水。

2. 种植和修剪

秋季种植如果在10月、11月没有及时完成，这个月可以继续进行。田间种植的面积如果较大，可以在这个月开始进行修剪。

3. 冻害防控

南方地区的冻害主要针对常绿的南高丛蓝莓和兔眼蓝莓品种。

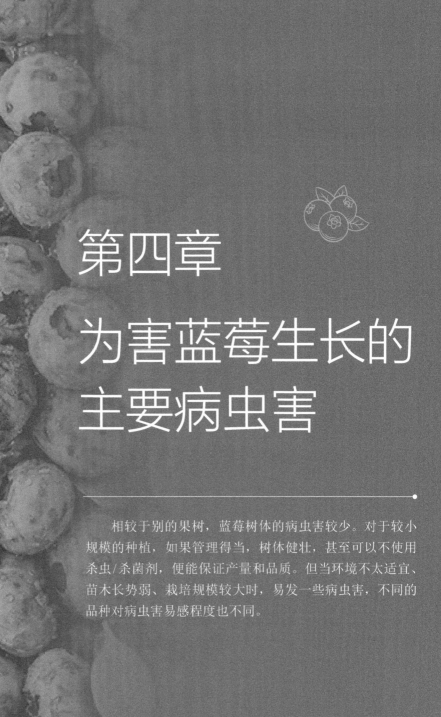

第四章

为害蓝莓生长的主要病虫害

相较于别的果树，蓝莓树体的病虫害较少。对于较小规模的种植，如果管理得当，树体健壮，甚至可以不使用杀虫/杀菌剂，便能保证产量和品质。但当环境不太适宜、苗木长势弱、栽培规模较大时，易发一些病虫害，不同的品种对病虫害易感程度也不同。

1. 灰霉病

灰霉病是指花冠和花房感染菌丝，变成褐色、长出灰霉，使花提前掉落的病害。开花期在低温、湿度高的条件下容易发生，海拔较高的地方以及寒冷地区也多发。另外，施肥过多、土壤过于湿润、通风性差等，也容易发生病害。灰霉病也因品种而异，'绿宝石'就是容易发病的品种。

花期灰霉病

2. 枝枯病

症状为枝干干枯，是一种真菌病。通常在整株树上的一个主枝出现干枯现象，有时候蔓延到整株树。此病危害果实时，使成果期果实呈皱缩、干瘪、紫红色，最后落果。掉落的果实如不及时处理，会加剧第二年枝干的感染。此病害在密植、土壤干湿突然变化、氨肥较多、树势脆弱的时候多发。一经发现有病害的树枝就应该马上去除。

枝枯病

3. 枝条溃疡病

症状为枝条溃烂。盛夏常发，发病初期枝条呈红色圆斑；病害加重时，第二年病斑继续扩大，呈灰色，中央部位龟裂；病害很严重时，病斑环绕枝干，导致枝干断裂。

枝条溃疡病

4. 枝条锈病

主要发生在'奥尼尔'枝条上，2~3年生枝条较严重。症状为枝条被覆铁锈般病斑，轻微时为圆点状；病斑会逐年扩张，呈不规则形状，直至覆盖整个枝条。枝条锈病会影响植株长势，严重时导致植株死亡。

枝条锈病

5. 叶片斑点病

叶片斑点病通常发生在秋季，在叶片上出现红色圆形斑点，严重时枝条上也会染病。土壤湿度大、积水严重的园区内蓝莓容易感染。

叶片斑点病（叶片正面）

南方蓝莓园艺栽培技术
——周年管理工作历

叶片斑点病（叶片背面）

6. 根腐烂病

生长期叶片变黄、新梢停止生长，根部腐烂、发黑，导致树木僵死。主要发生在高丛蓝莓品种上。黏质土壤或者透水性差、湿度过大的土壤容易导致此类病害。

根腐烂病

南方蓝莓园艺栽培技术
——周年管理工作历

第二节　**生理性病害** ——————————————

1. 僵苗

　　种植蓝莓的土壤如果是黏质、透气性差土壤，会导致苗木停止生长，种植后数月都保持种植时的状态，成为僵苗。这样的幼苗基本不会再恢复长势，只能丢弃重新种植。

僵苗

2.缺素

蓝莓树是矿物元素较容易缺乏（缺素）的一种果树，主要是土壤酸度不足导致。最常见的是缺铁、缺镁。缺铁时，新叶呈网状失绿，叶片脉络清晰；缺镁时，新梢基部的老叶呈倒"V"形失绿，失绿边界相对模糊一些。

（a）　　　　　　　　　　　　　　（b）

（c）　　　　　　　　　　　　　　（d）

矿物元素缺乏症状

3. 热害

热害常发生在5月中下旬，而不是7、8月酷暑。5月蓝莓新梢和叶片较嫩弱，但初夏往往会出现突然的相对高温，导致嫩弱新梢和叶片在几小时内被灼伤。遇高温时可以通过喷洒水雾适当降温，也可以临时支撑防晒网降温。灼伤的枝梢和叶片是不可逆的，应该及时剪掉。高温也会烫伤果实。

热害（高温烫伤的叶片）

热害（高温烫伤的果实）

南方蓝莓园艺栽培技术
——周年管理工作历

4. 冻害

冬季蓝莓持续12h处于2℃的环境就会被冻伤，轻度冻伤时，叶片呈现失水状态。严重时，叶片和新梢褐化、干枯、死亡。正确选择适宜品种是防治冻害的根本措施，抗寒品种即使出现冻害，通常也只能伤及叶片和个别枝梢。如果叶片被冻害，应该及时剪去。

冻害

5.草害

草害是所有果园都会面临的问题。在蓝莓果园中，由于蓝莓树体相对较小，如果草害防控不到位，树体很容易被杂草覆盖，导致树体生长不良，甚至死亡。目前露地栽培普遍采用覆盖地布的方式防治杂草。由于蓝莓是灌木，覆盖地布时不能像其他主干型果树那样，用地布将主干全部包裹。覆盖蓝莓时，应在栽种的主干枝周边预留20~30 cm的空口，以便新生主干枝从土壤中破土而出。预留的空口需定期通过人工除草的方式拔出杂草。覆盖地布时，有的果园采用全园覆盖，即种植垄和厢面全部覆盖地布；有的园区只覆盖种植垄，厢面使用除草剂。然而，在使用除草剂时，由于蓝莓植株相对低矮，除草剂很容易喷洒在蓝莓的枝条和叶片上，造成严重药害。因此，推荐露地栽培时，地布覆盖面积需尽量多，避免使用除草剂。

草害

南方蓝莓园艺栽培技术
——周年管理工作历

（a）

（b）

除草剂危害

6.土壤不适宜

土壤不适宜是蓝莓果园中常见的问题。蓝莓根系为须根，根系细弱、无根毛。蓝莓根系对土壤要求严格，除了土壤pH值要求酸性外，还需具有疏松透气、有机质含量高等特点。因此，在种植蓝莓之前，必须对土壤进行改良。如果土壤改良不到位，栽种的小苗将出现严重生长不良的情况，表现为叶片不生长、发红发黄，植株停滞生长的状态。如果小苗因土壤问题而生长不良，后期再进行改土也难以恢复植株的生长状态。因此，种植蓝莓前，务必改土到位。

土壤不适

第三节　虫害

防治害虫重要的是创造害虫难以产生的环境。保证日照、通风，注意将树根周围除草。另外，要定期观察树木，发现害虫立刻捕杀，避免受灾。情况严重、无法解决的时候也可以使用药物。

1.蚜虫类

春季到初夏的时候，蚜虫会寄生在新梢的前端、吸取汁液，使新叶和新梢不能正常发育。

小规模园区内或盆栽种植时，在蚜虫较少的时候，可以直接用刷子除去。当蚜虫危害较严重时，用杀螟硫磷乳剂、吡虫啉水溶剂、抗蚜威可湿性粉剂等，隔一周喷施一次，喷施叶背，连续三次。

蚜虫

2. 介壳虫

介壳虫的若虫和雌成虫聚集于枝条和叶上刺吸汁液为害树体，使新叶和新梢不能正常发育。发生严重时，造成树势衰弱，枝叶萎缩，产量和品质下降。一年发生一代，受精雌成虫聚集在1~2年生的小枝上越冬，春季发芽时，开始取食枝梢汁液，虫体迅速膨大。6月中旬为产孵盛期，孵产于母体介壳下，7月上旬为若虫出壳盛期，出壳若虫固定在叶正面和嫩枝上为害叶片，并分泌蜡质形成介壳。

提高树势能有效提高抗虫能力。发现严重受损枝条时，要剪去枝条并烧毁。在虫害发生前或发生初期，根部浇灌蚧虫清、施虫胺、撒虫胺等，其被根系吸收后传导至全树的枝干及叶片可以有效杀虫，防控可长达一年。在虫害多发时期，使用蚧虫清、吡虫啉、杀扑磷喷施，7~10d喷1次，连续喷洒3~4次。

介壳虫

3. 刺蛾

刺蛾幼虫啃食叶片为害树体。刺蛾幼虫俗称洋辣子，在5～8月啃食蓝莓叶片，危害严重时，整棵树片叶不留。南方地区刺蛾的老熟幼虫在树下3~6cm土层内结茧以蛹越冬，4月中旬开始化蛹，5月中旬至6月上旬羽化。第1代幼虫发生期为5月下旬至7月中旬，第2代幼虫发生期为7月下旬至9月中旬。

刺蛾成虫具有趋光性，可在成虫发生期悬挂黑光灯诱杀成蛾。春季发现卵块和虫叶时，及时摘除并烧毁。在幼虫盛发期，用马拉硫磷乳剂、阿维菌素乳油、甲维盐微乳剂喷雾，均有良好的防治效果。

刺蛾幼虫

刺蛾（高龄幼虫）

南方蓝莓园艺栽培技术
——周年管理工作历

4. 天牛

以幼虫蛀食树干，导致树木整株干枯死亡。天牛在树根处产卵，初龄幼虫最初在树皮下取食，最后钻入树干内，在一定距离内向树皮上开口作为通气孔，并向外推出粪便和木屑。1~2年1代，7月上旬幼虫老熟，并在虫洞内通风口处化蛹，8月份羽化为成虫，10月以后幼虫进入越冬。

4～7月是防治天牛幼虫最佳的时期，用棉球蘸毒死蜱溶液后，塞紧幼虫通气孔，也可以用注射器注入药液，然后用泥土封塞洞孔。8月防治天牛成虫，在成虫羽化盛期用药。可用噻虫啉微囊悬浮剂喷雾。

天牛成虫

5. 金龟子

金龟子成虫啃食蓝莓叶片，幼虫（蛴螬）啃食蓝莓根部。成虫危害多发于7月下旬到8月上旬，受灾的叶子会变成网状；幼虫危害多发于6～8月。1～2年生1代，幼虫和成虫在土中越冬，4～5月成虫羽化出土活动，昼伏夜出，6月为产卵盛期，卵成块产在表土被枝叶覆盖的地方，6月中下旬孵出幼虫，8月中下旬老熟幼虫钻入地下。

防治幼虫可通过药剂灌根和地表喷雾的方法，在4～7月集中防治。成虫防治在产卵前期，利用成虫大量出土取食、交配的时机，进行灯光诱杀、人工捕捉、药剂防治，对树冠喷洒甲基异柳磷乳油等。

金龟子（蛴螬）危害

金龟子幼虫（蛴螬）啃食主干枝

金龟子幼虫（蛴螬）

南方蓝莓园艺栽培技术
——周年管理工作历

6. 果蝇

果蝇为害蓝莓的果实。果实成熟期时，果蝇在蓝莓果皮下产卵，24h后即可孵化成幼虫，幼虫爬进果实内部，啃食果肉。被果蝇危害的果实保存期很短，采收后两三天就会烂掉。如果消费者吃到虫果，体验感会很差。果蝇危害主要发生在中晚熟品种中，高丛蓝莓相对兔眼蓝莓更容易受害。雨水多、落果多的时候也会助长虫害发生。

防治时，园区内及时清除落地果实，在5月中下旬用辛硫磷、敌百虫等药剂喷洒地面，每隔7d 1次，共喷洒2~3次；6月上中旬开始，用敌百虫、糖、醋、酒、清水配制诱杀剂，装瓶挂树，每亩20瓶，每个月更换一次。

果蝇防治

7. 袋蛾

袋蛾，又称蓑蛾，其幼虫啃食蓝莓叶片、嫩枝皮，危害严重时，几天能将全树叶片食尽，残存秃枝光干。一年发生1代，4～5月化为蛹虫，5月底羽化，6月上旬为幼虫孵化高峰，到10月以老熟幼虫在囊内越冬。

冬季发现枝条上的袋囊时，摘除并集中烧毁。在幼虫低龄期，特别是6～7月期间，可在树冠喷施除虫菊酯类杀虫剂1～2次，每次间隔7d。喷施时要避开果实采收期。

袋蛾危害

南方蓝莓园艺栽培技术
——周年管理工作历

8. 小食心虫

小食心虫发生在南方10月，主要为害当年生春梢顶端。幼虫钻入枝条中心，啃食幼嫩枝条中心的组织。危害初期，枝条最初表现为顶端下垂、萎蔫，后期表现为枝条顶端干枯、死亡。幼虫老熟时，钻出死亡的枝条顶端，啃食叶片背面叶肉，并在叶片之间吐丝结网。

小食心虫危害后期（春梢萎蔫症状）

小食心虫危害后期（春梢死亡）

小食心虫危害的枝条

南方蓝莓园艺栽培技术
　　——周年管理工作历

小食心虫在蓝莓叶面处

风吸式杀虫灯效果

南方蓝莓园艺栽培技术
——周年管理工作历

参考文献

[1] 吴林. 中国蓝莓35年——科学研究与产业发展[J]. 吉林农业大学学报，2016，38(1):1-11.

[2] 李亚东，盖禹含，王芳，等. 南半球蓝莓出口贸易与市场分析[J]. 吉林农业大学学报，2022，44(3):253-268.

[3] 李亚东，盖禹含，王芳，等. 2021年全球蓝莓产业数据报告[J]. 吉林农业大学学报，2022，44(1):1-12.

致谢

　　感谢成都逸田生态农业科技有限公司为本著作提供部分图片及信息。成都逸田生态农业科技有限公司成立于2016年3月，是一家以蓝莓及高端水果基质栽培研究为核心，集现代生态农业种植、农业规划运营、种苗培育、技术推广、智慧农业建设的农业技术型服务公司。"逸田农业"2019年被评为"中国农业最具成长力品牌"，2020年认定为"国家高新技术企业"，2023年被评为成都市新经济种子企业，2024年被认定为四川省专精特性企业。公司依托与各科研院校及行业领军企业等合作优势，开展蓝莓栽培与技术的配套推广服务，目前在四川、重庆、云南、贵州、西藏、甘肃、陕西等省（自治区、直辖市）58个市县推广蓝莓基地上万亩。公司已授权国家专利20余项，研发标准体系5项，获省级科技成果1项，申请蓝莓新品种权1个，承担省市科技项目5项。公司长期面向全社会提供智慧化无土蓝莓种植全程解决方案。

索引